上海理工大学一流本科系列教材
上海市级实验教学示范中心建设教材

医用电气设备安全和性能检测实验指导教程

邹任玲　胡秀枋 —————— 编著

化学工业出版社
· 北京 ·

内 容 简 介

本书共分为两篇，第一篇为医用电气设备安全检测与分析，讲述了医用漏电流测试、接地电阻测试、耐压和电介质强度测试、手术室电气安全和等电位检测等安全检测内容；第二篇为医用电气设备性能检测，以常用的高频电刀、血液透析机、呼吸机、超声诊断仪的专用标准为基础，分析仪器的结构原理和检测指标，对仪器的性能进行检测。

本教材可作为高等院校生物医学工程专业实验教学教材，也可作为医用电子仪器制造技术人员和医疗现场对医用电子仪器进行保养检查的临床工程师、安全技术人员或管理人员的参考书。

图书在版编目（CIP）数据

医用电气设备安全和性能检测实验指导教程/邹任玲，胡秀枋编著. —北京：化学工业出版社，2022.6
ISBN 978-7-122-41093-1

Ⅰ.①医… Ⅱ.①邹… ②胡… Ⅲ.①医用电气机械-设备安全-实验-高等学校-教材②医用电气机械-性能检测-实验-高等学校-教材 Ⅳ.①TH772-33

中国版本图书馆 CIP 数据核字（2022）第 052138 号

责任编辑：韩庆利　旷英姿　　　　　　　　　文字编辑：毛亚囡　林　丹
责任校对：张茜越　　　　　　　　　　　　　装帧设计：刘丽华

出版发行：化学工业出版社（北京市东城区青年湖南街 13 号　邮政编码 100011）
印　　装：三河市延风印装有限公司
787mm×1092mm　1/16　印张 11　字数 256 千字　2022 年 10 月北京第 1 版第 1 次印刷

购书咨询：010-64518888　　　　　　　　　售后服务：010-64518899
网　　址：http://www.cip.com.cn
凡购买本书，如有缺损质量问题，本社销售中心负责调换。

定　　价：32.00 元　　　　　　　　　　　　　　　　版权所有　违者必究

前言

　　实验教学能有效培养学生运用知识解决工程问题的能力，是高等院校教学重要实践环节。本教材为了适应生物医学工程专业医用电气设备的电气安全对实验教学的要求，采用 GB 9706.1—2020《医用电气设备 第 1 部分：基本安全和基本性能的通用要求》以及部分医疗器械专用标准作为检测依据，加强学生对国家标准的理解，激发学生的爱国主义精神，拓宽了思政教育的思路。教材内容紧紧围绕医用电气设备安全与性能检测两个方面，全面地阐述了医用设备安全检测的基本原理和方法，在此基础上，编写了典型的检测仪器对常规医疗仪器的检测应用，分析了检测仪器的原理，设计了学生实验报告。将更新后包括风险评估的医用电气安全标准编入教材，对提高医用电气设备操作人员和开发者的安全意识有很大的帮助，也减少了仪器设计和使用不当引起的医疗事故。

　　本书内容一共分为两个篇章，第一篇为医用电气设备安全检测与分析，以 GB 9706.1—2020 为基础，包含医用漏电流测试、接地电阻测试、耐压和电介质强度测试、手术室电气安全和等电位检测等安全检测内容。实验一介绍了医用漏电流的测试要求，利用 CS2675FX 型医用漏电流测试仪进行医疗仪器的对地漏电流、外壳漏电流、患者漏电流以及患者辅助电流的检测；实验二介绍了接地电阻的测试要求，利用 PC39 型数字接地电阻测试仪和 CS 5800 型接地电阻测试仪进行医疗仪器的接地电阻测试检测；实验三介绍了耐压和电介质强度试验要求，采用 CS2670Y 型数字耐压试验仪和 ZHZ8B 型医用耐压测试仪进行医疗仪器的耐压和电介质强度检测；实验四介绍了等电位联结安全技术，对手术室的局部等电位联结进行了测试。第二篇为医用电气设备性能检测，以常用的高频电刀、血液透析机、呼吸机、超声诊断仪的专用标准为基础，分析仪器的结构原理和检测指标，对仪器的性能进行检测。实验五以专用标准 GB 9706.4《医用电气设备 第 2-2 部分：高频手术设备安全专用要求》为基础，采用 QA-ES 高频电刀分析仪对沪通 GD 350-B 型高频电刀进行功率等检测；实验六以 YY 0054—2010《血液透析设备》为基础，采用 90XL 血液透析检测仪等对贝朗 Dialog＋血液透析装置进行检测；实验七以 JJF 1234—2018《呼吸机校准规范》为基础，采用 VT PLUS HF 气流分析仪等对德尔格 Evita 4 型呼吸机进行性能检测；实验八主要以 GB 10152—2009《B 型超声诊断设备》为基础，介绍了超声诊断仪的主要检测参数，采用 B 超仪检定超声体模对 DP-6600 超声诊断仪和 LOGIQ 3 超声多普勒成像仪进行性能检测。

　　本教材可作为高等院校生物医学工程专业实验教学教材，也可作为医用电子仪器制造技术人员和医疗现场对医用电子仪器进行保养检查的临床工程师、安全技术人员或管理人员的参考书。本书的参编人员均具有多年的实验教学经验，在编写过程中我们力求做到实验内容与课本内容紧密联系，注重学生实践操作与动手能力的培养，编入大量的综合型、设计型实验，理论与实践结合，内容精练实用。本书在编写过程中也得到了周颖、郭旭东、谷雪莲、崔海坡、胥义等老师的帮助，作者在此谨表示衷心的感谢。

　　由于作者水平有限，书中难免存在不妥之处，敬请读者批评指正。

编　者

目录

第一篇　医用电气设备安全检测与分析

实验一　医用漏电流测试 ————————————————————— 2

一、实验理论与基础　2　　　　　　　　　工作原理　13
1. 漏电流的测试通用要求　2　　　　　2. CS2675FX 型医用泄漏电流测试仪
2. 对地漏电流测量要求　6　　　　　　　　　功能应用　14
3. 接触电流测量要求　6　　　　　　三、实验内容与步骤　16
4. 患者漏电流测量要求　8　　　　　　1. 安全操作步骤　16
5. 患者辅助电流测量要求　11　　　　2. CS2675FX 型医用泄漏电流测试仪的
二、实验设备与器材　13　　　　　　　　　测试方法与应用　16
1. CS2675FX 型医用泄漏电流测试仪　　四、实验报告　21

实验二　接地电阻测试 ————————————————————— 24

一、实验理论与基础　24　　　　　　三、实验内容与步骤　30
1. 接地电阻测试通用要求　24　　　　1. 安全操作要求　30
2. 接地电阻的测试方法　25　　　　　2. PC39 型接地电阻测试仪操作步骤　30
二、实验设备与器材　27　　　　　　　3. CS5800 型接地电阻测试仪操作步骤　31
1. PC39 型数字接地电阻测试仪　27　　四、实验报告　33
2. CS5800 型接地电阻测试仪　28

实验三　耐压和电介质强度测试 ——————————————— 34

一、实验理论与基础　34　　　　　　三、实验内容与步骤　44
1. 电介质强度的概念　34　　　　　　1. 使用注意事项　44
2. 电介质强度测试通用要求　35　　　2. CS2670Y 型数字耐压试验仪测试
二、实验设备与器材　42　　　　　　　　　操作步骤　45
1. CS2670Y 型数字耐压试验仪　42　　3. ZHZ8B 型医用耐压测试仪测试操作步骤　46
2. ZHZ8B 型医用耐压测试仪　44　　　四、实验报告　47

实验四　手术室电气安全和等电位检测 ——————————— 48

一、实验理论与基础　48　　　　　　3. 医用电气系统　49
1. 等电位联结安全技术　48　　　　　4. 患者连接　50
2. 手术室的局部等电位联结　48　　　5. 患者环境　50

二、实验设备与器材 51　　　　1. TVT-322 毫伏表的使用步骤 55

　1. TVT-322 毫伏表 51　　　　2. 手术室的局部等电位联结测试 55

　2. 手术室环境及常用仪器 52　　　　3. 等电位连接线的电阻检测 55

三、实验内容与步骤 55　　四、实验报告 55

第二篇　医用电气设备性能检测

实验五　高频电刀结构分析及性能检测实验 ——————————58

一、实验理论与基础 58　　　　2. QA-ES 高频电刀分析仪 71

　1. 工作原理 58　　三、实验内容与步骤 72

　2. 工作模式 59　　　　1. 高频电刀使用操作 72

　3. 高频漏电流测试要求 60　　　　2. QA-ES 高频电刀分析仪操作方法 76

　4. 输出功率测试要求 63　　　　3. 高频电刀检测步骤 78

二、实验设备与器材 65　　四、实验报告 80

　1. GD350-B 型高频电刀 65

实验六　血液透析机结构分析及性能检测实验 ——————————82

一、实验理论与基础 82　　　　2. 血液透析检测仪 94

　1. 血液透析机结构与工作原理 82　　三、实验内容与步骤 96

　2. 透析用水 85　　　　1. 贝朗 Dialog+ 血透机操作步骤 96

　3. 血液透析机主要检测参数 85　　　　2. 血液透析机检测步骤 99

二、实验设备与器材 89　　四、实验报告 101

　1. Dialog+ 血液透析、血液透析滤过装置 89

实验七　呼吸机结构分析及性能检测实验 ——————————103

一、实验理论与基础 103　　　　4. TES 噪音计 119

　1. 呼吸机的基本结构与组成 103　　三、实验内容与步骤 120

　2. 呼吸机的主要技术性能 106　　　　1. 德尔格 Evita 4 型呼吸机操作方法 120

　3. 呼吸机的参数检测要求 107　　　　2. VT PLUS HF 气流分析仪操作方法 122

二、实验设备与器材 110　　　　3. 模拟肺操作方法 126

　1. 德尔格 Evita 4 型呼吸机 110　　　　4. 呼吸机检测方法 126

　2. VT PLUS HF 气流分析仪 115　　四、实验报告 130

　3. 模拟肺 115

实验八　超声诊断仪性能检测实验 ——————————133

一、实验理论与基础 133　　　　5. 超声多普勒成像基本测量原理 136

　1. 超声波的物理特性 133　　　　6. 超声诊断仪的主要检测参数 137

　2. B 超诊断设备图像的物理基础 133　　二、实验设备与器材 139

　3. 医用超声探头 134　　　　1. DP-6600 超声诊断仪 139

　4. 超声诊断仪的工作原理 135　　　　2. LOGIQ 3 超声多普勒成像仪 144

3. B 超仪检定超声体模 147

4. KS205D-1 型多普勒体模与仿血流
控制系统 153

5. BCZ100-1 型毫瓦级超声
功率计 155

三、实验内容与步骤 156

1. DP-6600 超声诊断仪的操作方法 156

2. LOGIQ 3 超声多普勒成像仪的
操作方法 159

3. B 超体模的操作方法 162

4. KS205D-1 型多普勒体模与仿血流控制
系统的操作方法 164

5. 超声功率检测仪器的操作方法 167

四、实验报告 167

参考文献 ————————————————— 169

第一篇

医用电气设备安全
检测与分析

实验一

医用漏电流测试

一、实验理论与基础

漏电流为非功能性电流，其大小是衡量医用电气设备（ME 设备）电气安全的一项重要指标。国家医用电气设备通用标准 GB 9706.1—2020 对各种不同类型医用电气设备的漏电流的容许最大值有严格的规定。

1. 漏电流的测试通用要求

在 GB 9706.1—2020《医用电气设备 第 1 部分：基本安全和基本性能的通用要求》中，漏电流安全的通用要求如下。

（1）漏电流和患者辅助电流的通用要求

① 起防电击作用的电气绝缘应有良好的性能，以使穿过绝缘的电流被限制在规定的数值内。

② 对地漏电流、接触电流、患者漏电流及患者辅助电流的规定值适合于下列条件的任意组合：

a. 在正常状态下和在规定的单一故障状态下。

b. 设备已通电处于待机状态和完全工作状态，且网电源部分的任何开关处于任何位置。

c. 在最高额定供电频率下。

d. 电压为 110%的最高额定网电源电压下。

测量值不应超过标准条例给定的容许值。

（2）单一故障状态

根据 GB 9706.1—2020 规定的"单一故障状态"，其定义如下（这些故障在通用标准中有特定的要求和试验）：①断开保护接地导线（在对地漏电流时不适用）；②断开一根电源导线；③任何一处符合规定的一重防护措施要求的绝缘短路；④任何一处符合规定的一重防护措施的爬电距离或电气间隙短路；⑤具有分立外壳的 ME 设备各部件之间的任何一根功率承载导线中断。

说明：

爬电距离（Creepage Distance）：两个导体部件之间沿绝缘材料表面的最短距离。

电气间隙（Air Clearance）：两个导体部件之间的最短空气路径。

（3）容许值

直流、交流及复合波形的患者漏电流和患者辅助电流的容许值如表 1-1 和表 1-2 所示，其值均为直流或有效值。

在正常状态或单一故障状态下，不论何种波形和频率，漏电流的有效值不应超过 10mA。

接触电流的容许值在正常状态下是 $100\mu A$，单一故障状态下是 $500\mu A$。

对地漏电流的容许值在正常状态下是 5mA，单一故障状态下是 10mA。

表 1-1　在正常状态和单一故障状态下患者漏电流和患者辅助电流的容许值　　　　　　　　μA

电流	描述	测量电路	—	B 型应用部分		BF 型应用部分		CF 型应用部分	
				NC	SFC	NC	SFC	NC	SFC
患者辅助电流	—	图 1-14	d. c.	10	50	10	50	10	50
			a. c.	100	500	100	500	10	50
患者漏电流	从患者连接到地	图 1-9	d. c.	10	50	10	50		50
			a. c.	100	500	100	500	10	50
	由信号输入/输出部分上的外来电压引起的	图 1-11	d. c.	10	50	10	50		
			a. c.	100	500	100	500	10	50
总患者漏电流①	同种类型的应用部分连接到一起	图 1-9 和图 1-13	d. c.	50	100	50	100	50	100
			a. c.	500	1000	500	1000	50	100
	由信号输入/输出部分上的外来电压引起的	图 1-11 和图 1-13	d. c.	50	100	50	100	50	100
			a. c.	500	1000	500	1000	50	100

说明：

NC=正常状态

SFC=单一故障状态

① 总患者漏电流的容许值仅对有多个应用部分的设备适用。单个应用部分应符合患者漏电流的容许值。

表 1-2　特定试验条件下患者漏电流的容许值　　　　　　　　μA

电流	描述①	测量电路	B 型应用部分	BF 型应用部分	CF 型应用部分
患者漏电流	由 F 型应用部分患者连接上的外来电压引起的	图 1-10	不适用	5000	50
	由未保护接地的金属可触及部分上的外来电压引起的	图 1-12	500	500	—③
总患者漏电流②	由 F 型应用部分患者连接上的外来电压引起的	图 1-10 和图 1-13	不适用	5000	100
	由未保护接地的金属可触及部分上的外来电压引起的	图 1-12 和图 1-13	1000	1000	—③

① 这一条件在 GB 9706.1—2007 中被称为"应用部分加网电源电压"，并在该版标准中被作为单一故障状态，而在本部分中被作为一种特定试验条件。在未保护接地的可触及部分上加最大网电源电压试验也是一种特定的试验条件，但容许值与单一故障状态下的容许值相同。

② 总患者漏电流的容许值仅对有多个应用部分的设备适用。单个应用部分应符合患者漏电流的容许值。

③ 对于 CF 型应用部分，应用部分加最大网电源电压试验覆盖了本条件下的试验，所以在本条件不再进行试验。

（4）试验

在对设备的漏电流进行检测时，对地漏电流、外壳漏电流、患者漏电流及患者辅助电流的测量，在设备达到符合所要求的工作温度和规定的潮湿预处理之后；设备接到电压为最高额定网电源电压的110％的电源上；能适用单相电源试验的三相设备，将其三相电路并联起来作为单相设备来试验；对设备的电路排列、元器件布置和所用材料的检查表明无任何安全方面的危险可能性时，试验次数可减少。

在对设备的漏电流进行检测时，对测量供电电路也有严格的要求，即测量供电电路必须用模拟的办法来创造测试条件。通过验证，考核设备在单一故障状态下的符合性，从而满足对地漏电流、外壳漏电流、各种患者漏电流以及其在各种单一故障状态情况下的测量供电电路的要求。测量供电电路的具体要求如下：

① 规定与有一端大约为地电位的供电网相连的设备，以及对电源类别未预规定的设备，连接到图 1-1 所示电路。

② 规定接到相线对中线之间电压近似相等而电压方向相反的供电网的设备，连接到图 1-2 所示电路。

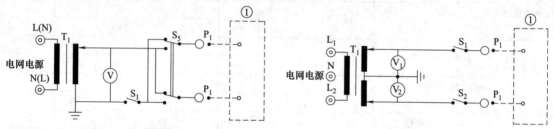

图 1-1　供电网的一端近似地电位时的测量供电电路　　　　图 1-2　供电网对地近似对称时的测量供电电路

③ 规定与多相（例如三相）网电源连接的多相或单相设备，连接到图 1-3、图 1-4 所示电路之一。

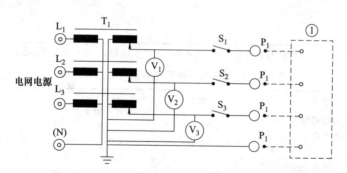

图 1-3　规定接多相供电网的多相设备的测量供电电路

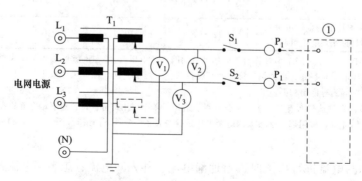

图 1-4　规定接多相供电网的单相设备的测量供电电路

④ 规定使用具有分立电源单元或由 ME 系统中其他设备供电的 ME 设备，连接到图 1-5 所示电路。

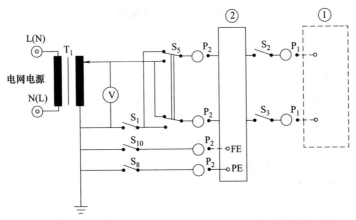

图 1-5　具有分立电源单元或由 ME 系统中其他设备供电的 ME 设备的测量供电电路

说明：标准 GB 9706.1—2020 按照电击防护类型将医用电气设备分类为Ⅰ类设备、Ⅱ类设备、内部电源供电设备。

① Ⅰ类设备：对电击的防护不仅依靠基本绝缘，而且还附加有安全保护措施，将设备与供电装置中固定布线的保护接地导线连接起来，使可触及的金属部件即使在基本绝缘失效时也不会带电的设备。

具有基本绝缘和接地保护线是Ⅰ类设备的基本条件。但在为实现设备功能必须接触电路导电部件的情况下，Ⅰ类设备可以有双重绝缘或加强绝缘的部件，或有由安全特低电压运行的部件，或者有保护阻抗来防护的可触及部件，如果只用基本绝缘实现对网电源部分与规定用外接直流电源（用于救护车上）的设备的可触及金属部分之间的隔离，则必须提供独立的保护接地导线。

② Ⅱ类设备：对电击的防护不仅依靠基本绝缘，而且还有如双重绝缘或加强绝缘那样的附加安全保护措施，但没有保护接地措施，也不依赖于安装条件的设备。

在此要作说明的是，Ⅰ、Ⅱ类设备不表示设备本身安全质量的不同，而只是防电击绝缘措施、方法的不同，它们对用户来说都是安全可靠的设备。

医用电气设备除基本绝缘外，还必须具有一种符合要求的附加保护措施。

F 型隔离应用部分：同设备其他各部分相隔离的应用部分，其绝缘应达到在应用部分和地之间加 1.1 倍最高额定网电压时，通过的漏电流不超过单一故障状态下通过患者的漏电流。

测试装置 MD 主要由人体模拟阻抗及低通滤波电路组成。测试装置电路图和测试装置等效电路图分别如图 1-6 （a）、（b） 所示，其中人体模拟阻抗选用 $1k\Omega$ 电阻（R_2），低通滤波电路由 $10k\Omega$ 电阻（R_1）与 $0.015\mu F$ 电容（C_1）组成。低频电流是产生电击的原因，随着频率的增高，刺激作用逐渐减小，一般认为当频率超过 1kHz 时，它的刺激作用和频率成反比。按照 GB 9706.1—2020 的要求，设计低通滤波电路，使频率为 1kHz 以下的信号能顺利通过，而衰减频率为 1kHz 以上的信号。计算公式为：

$$f_{\mathrm{H}}=\frac{1}{2\pi R_1 C_1}=\frac{1}{2\pi \times 10 \times 10^3 \times 0.015 \times 10^{-6}}\approx 1000\ (\mathrm{Hz}) \tag{1-1}$$

测试装置（MD）说明：$R_1=10\mathrm{k}\Omega\pm5\%$，无感元件。

$R_2=1\mathrm{k}\Omega\pm1\%$，无感元件。

$C_1=0.015\mu\mathrm{F}\pm5\%$，无感元件。

仪表阻抗≫测量阻抗 Z。

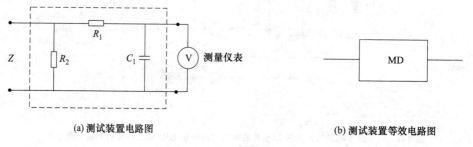

(a) 测试装置电路图   (b) 测试装置等效电路图

图 1-6　测试装置

2. 对地漏电流测量要求

对地漏电流（Earth Leakage Current）是指由网电源部分通过或跨过绝缘流入保护接地导线或功能接地连接的电流。注：如果带有隔离的内部屏蔽的Ⅱ类 ME 设备，采用三根导线的电源软电线供电，则第三根导线（与网电源插头的保护接地连接点相连）应只能用作内部屏蔽的功能接地，且应是绿/黄色的。在这种情况下，随机文件中应声明电源软电线中的第三根导线仅是功能地。内部屏蔽以及与其连接的内部布线与可触及部分之间的绝缘应提供两重防护措施。

测量要求如下：

① Ⅰ类 ME 设备按图 1-7 试验，带功能接地连接的Ⅱ类 ME 设备假定为Ⅰ类 ME 设备进行试验。

② 如果 ME 设备有多于一根的保护接地导线（例如，一根连接到主外壳，一根连接到独立电源单元），那么测量的电流是流入设施保护接地系统的总电流。

③ 对于可以通过建筑物结构与地连接的固定式 ME 设备，制造商规定对地漏电流测量的适当试验程序和配置。

具有或没有应用部分的Ⅰ类 ME 设备对地漏电流的测量电路如图 1-7 所示。测量时，采用图 1-1 所示的测量供电电路，将 S_5、S_{10} 和 S_{12} 的开、闭位置进行所有可能的组合，按 S_1 闭合（正常状态）和 S_1 断开（单一故障状态）的通用要求进行测量。

3. 接触电流测量要求

接触电流是指从除患者连接以外的在正常使用时患者或操作者可触及的外壳或部件，经外部路径而非保护接地导线流入地或流到外壳的另一部分的漏电流。

注：该术语与 GB 9706.1—2007 的"外壳漏电流"相同。该术语的改变是为了和 GB4943.1 保持一致，也为了反映现在的测量同样涉及了正常保护接地的部分。

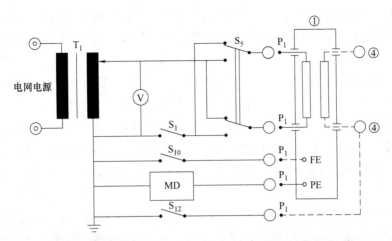

图 1-7　具有或没有应用部分的 I 类 ME 设备对地漏电流的测量电路

测量要求如下：

① ME 设备按图 1-8 用适当的测量供电电路进行试验。

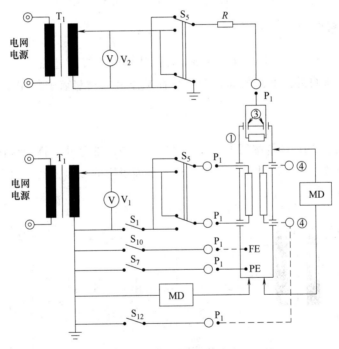

图 1-8　接触电流的测量电路

用 MD 在地和未保护接地的外壳每一部分之间进行测量。

用 MD 在未保护接地外壳的各部分之间进行测量。

在断开任意一根保护接地导线的单一故障状态下，用 MD 在地和正常情况下保护接地的外壳任意部分之间进行测量。

注：无须对多个保护接地部分分别进行测量。

对于内部供电 ME 设备，接触电流只是在外壳各部分之间进行检查，而不在外壳与地之间检查。

② 若 ME 设备外壳或外壳的一部分是用绝缘材料制成的，应将最大面积为 20cm×10cm 的金属箔紧贴在绝缘外壳或外壳的绝缘部分上。如有可能，移动金属箔以确定接触电流的最大值。金属箔不宜接触到可能保护接地的外壳任何金属部件；然而，未保护接地的外壳金属部件，可以用金属箔部分地或全部地覆盖。要测量中断一根保护接地导线的单一故障状态下的接触电流，金属箔要与正常情况下保护接地的外壳部分相接触。当患者或操作者与外壳接触的表面大于 20cm×10cm 时，金属箔的尺寸要按接触面积相应增加。

③ 带信号输入/输出部分的 ME 设备要用变压器 T_2 进行附加测试。变压器 T_2 设定的电压值要等于最大网电源电压的 110%。基于试验或电路分析确定最不利的情况，以此来选定施加外部电压的引脚配置。

接触电流的测量电路如图 1-8 所示。测量时，对于 Ⅱ 类设备，不使用保护接地连接和 S_7，采用图 1-1 所示的测量供电电路，将 S_1、S_5、S_9、S_{10} 和 S_{12} 的开、闭位置进行所有可能的组合（如果是 Ⅰ 类设备，则闭合 S_7）。其中，S_1 断开时为单一故障状态。仅为 Ⅰ 类设备时，闭合 S_1 和断开 S_7（单一故障状态），在 S_5、S_9、S_{10} 与 S_{12} 的开、闭位置进行所有可能组合的情况下进行测量。

4. 患者漏电流测量要求

患者漏电流（Patient Leakage Current）是指从患者连接经过患者流入地的电流，或在患者身上出现一个来自外部电源的非预期电压而从患者通过患者连接中 F 型应用部分流入地的电流。

测量要求如下：

a. 有应用部分的 ME 设备按图 1-9 进行试验。除应用部分外，将绝缘材料制成的外壳以正常使用中的任何位置放在尺寸至少等于该外壳平面投影的接地金属平面上。

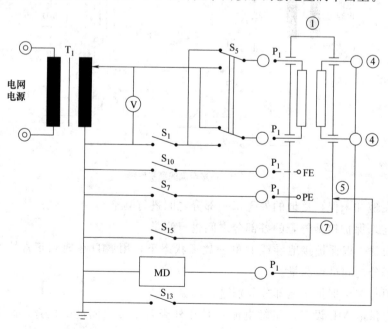

图 1-9 从患者连接至地的患者漏电流测量电路

　　b. 有 F 型应用部分的 ME 设备，还要按图 1-10 进行试验。将 ME 设备中未永久接地的信号输入/输出部分接地。图 1-10 中变压器 T_2 所设定的电压值等于最大网电源电压的 110%。进行此项测试时，未保护接地的金属可触及部分以及其他应用部分（如有）的患者连接被连接到地。

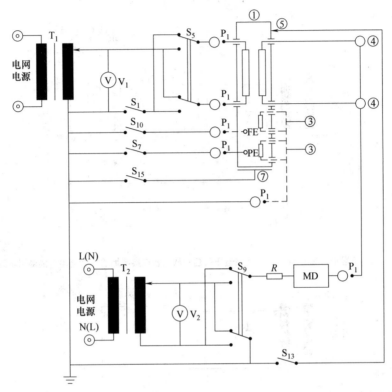

图 1-10　由患者连接上的外来电压所引起的从一个 F 型应用部分的患者连接至地的患者漏电流的测量电路

　　c. 有应用部分和信号输入/输出部分的 ME 设备，还要按图 1-11 进行试验。变压器 T_2 所设定的电压值等于最大网电源电压的 110%。基于试验或电路分析确定最不利的情况，以此来选定施加外部电压的引脚配置。

　　d. 有未保护接地 B 型应用部分的患者连接的或有 BF 型应用部分且存在未保护接地的金属可触及部分的 ME 设备，还要按图 1-12 进行试验。变压器 T_2 设定的电压值等于最大网电源电压的 110%。如果能证明所涉及的部分有充分的隔离，则可以不进行试验。

　　e. 应用部分的表面由绝缘材料构成时，用金属箔进行试验。或将应用部分浸在 0.9% 的盐溶液中。应用部分与患者接触的面积大于 $20cm \times 10cm$ 的箔面积时，箔的尺寸增至相应的接触面积。这种金属箔或盐溶液被认为是所涉及应用部分唯一的患者连接。

　　f. 当患者连接由与患者接触的液体构成时，液体用 0.9% 的盐溶液代替，将一个电极放置在盐溶液中，该电极被认为是所涉及应用部分的患者连接。

　　g. 测量患者漏电流：

　　——对于 B 型应用部分，从所有患者连接直接连在一起测量。

　　——对于 BF 型应用部分，从直接连接到一起的或按正常使用加载的单一功能的所有患者连接测量。

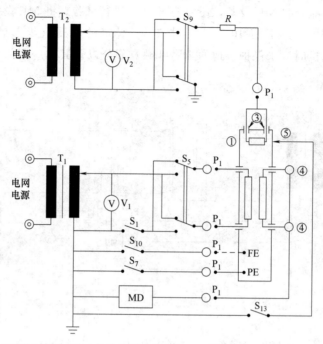

图 1-11 信号输入/输出部分上的外来电压引起的从患者连接至地的患者漏电流的测量电路

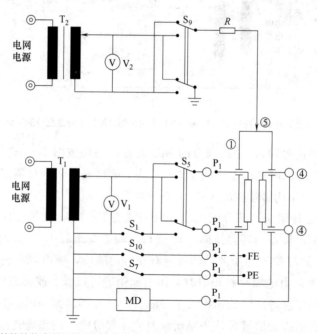

图 1-12 由未保护接地的金属可触及部分上的外来电压引起的从患者连接至地的患者漏电流的测量电路

——对于 CF 型应用部分，轮流从每个患者连接测量。

如果使用说明书规定了应用部分可拆卸部件（例如，患者导联或患者电缆以及电极）的备选件，使用最不利的可拆卸部件进行患者漏电流测量。

h. 从所有相同类型（B 型应用部分、BF 型应用部分或 CF 型应用部分）应用部分的所有连接在一起的患者连接测量总患者漏电流，见图 1-13。如有必要，在进行测试前可断开功能接地。

注：B 型应用部分总患者漏电流的测量仅在该应用部分有两个或两个以上属于不同功能且没有直接在电气方面连接到一起的患者连接时，才需要测量。

i. 如果应用部分的患者连接在正常使用时带负载，测量装置轮流连接到每个患者连接。

① 从患者连接至地的患者漏电流的测量电路如图 1-9 所示，对 Ⅱ 类设备则不使用保护接地连接和 S_7。测量时，采用图 1-1 所示的测量供电电路，在 S_1、S_5、S_{10}、S_{13}、S_{15} 的开、闭位置进行所有可能组合的情况下测量（如果是 Ⅰ 类设备则闭合 S_7）。S_1 断开时是单一故障状态。

如仅为 Ⅰ 类设备时：若条件允许，进行在单一故障状态下，应用部分必须与设备的带电部件隔离到容许漏电流值不被超过的程度所要求的试验。然后，在 S_5、S_{10}、S_{13}、S_{15} 的开、闭位置进行所有可能组合的情况下，闭合 S_1 并断开 S_7（单一故障状态）进行测量。

② 由患者连接上的外来电压所引起的从 F 型应用部分至地的患者漏电流的测量电路如图 1-10 所示，Ⅱ 类设备时不使用保护接地连接和 S_7。测量时，采用图 1-1 所示的测量供电电路，在 S_5、S_9、S_{10} 和 S_{13} 的开、闭位置进行所有可能组合的情况下，闭合 S_1 进行测量（如果是 Ⅰ 类设备，还要闭合 S_7）。

③ 由信号输入部分或信号输出部分上的外来电压引起的从患者连接至地的患者漏电流的测量电路如图 1-11 所示，Ⅱ 类设备时不使用保护接地连接和 S_7。测量时，采用图 1-1 所示的测量供电电路，在 S_5、S_9、S_{10}、S_{13} 的开、闭位置进行所有可能组合的情况下，闭合 S_1 进行测量（如果是 Ⅰ 类设备，还要闭合 S_7）。S_1 断开时是单一故障状态。仅为 Ⅰ 类设备时，闭合 S_1 并断开 S_7（单一故障状态），在 S_5、S_{10}、S_{13} 的开、闭位置进行所有可能组合的情况下进行测量。

④ 由未保护接地的金属可触及部分上的外来电压引起的从患者连接至地的患者漏电流的测量电路如图 1-12 所示，Ⅱ 类设备时不使用保护接地连接和 S_7。测量时，采用图 1-1 所示的测量供电电路，闭合 S1（如果是 Ⅰ 类设备，还要闭合 S7），在 S5、S9 和 S10 的开、闭位置进行所有可能组合的情况下进行测量。

⑤ 所有相同类型（B 型应用部分、BF 型应用部分或 CF 型应用部分）应用部分的所有患者连接连在一起的总患者漏电流测量电路如图 1-13 所示，S_1、S_5、S_7 和 S_{10} 的开、闭位置，见图 1-9～图 1-12。

5. 患者辅助电流测量要求

患者辅助电流（Patient Auxiliary Current）是指在正常使用时，流经患者的任一患者连接和其他所有患者连接之间预期不产生生理效应的电流。例如放大器的偏置电流、用于阻抗容积描记器的电流。

患者辅助电流必须在任一患者连接点与连在一起的所有其他患者连接之间进行测量。具有多个患者连接的设备必须通过检验，以确保在正常状态下当一个或多个患者连接处在以下状态时患者漏电流和患者辅助电流不超过容许值。

患者辅助电流的测量电路如图 1-14 所示。

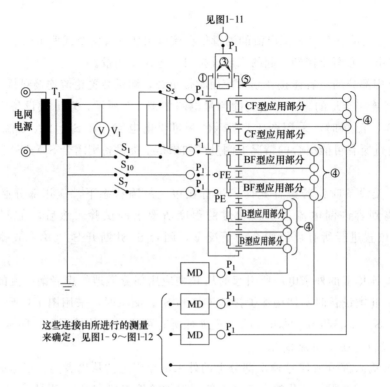

图 1-13　所有相同类型（B 型应用部分、 BF 型应用部分或 CF 型应用部分）
应用部分的所有患者连接连在一起的总患者漏电流测量电路

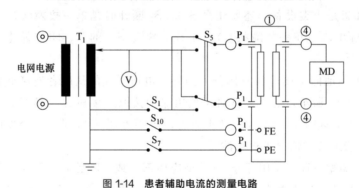

图 1-14　患者辅助电流的测量电路

图 1-1～图 1-14 的符号说明：

①——ME 设备外壳。

②——ME 系统中对 ME 设备供电的分立电源单元或其他电气设备。

③——短接的或加上负载的信号输入/输出部分。

④——患者连接。未保护接地的金属可触及部分。

⑤——在非导电外壳情况下测量患者漏电流，由一个最大为 20cm×10cm 且与外壳或者
外壳相关部分紧密接触并连接到参考地的金属箔代替该连接。

⑥——患者电路。

⑦——置于非导电外壳下方的金属板，其尺寸至少与连接到参考地的外壳的平面投影相当。

T_1，T_2——具有足够额定功率标称和输出电压可调的单相或多相隔离变压器。

$V_1 \sim V_3$——指示有效值的电压表，如有可能，可用一只电压表及换相开关来代替。

$S_1 \sim S_3$——模拟一根电源导线中断（单一故障状态）的单极开关。

S_5，S_9——改变网电源电压极性的换相开关。

S_7——模拟 ME 设备的一根保护接地导线中断（单一故障状态）的单极开关。

S_8——模拟 ME 系统中对 ME 设备供电的独立电源单元或其他电气设备的一根保护接地导线中断（单一故障状态）的单极开关。

S_{10}——将功能接地端子与测量供电系统的接地点连接的开关。

S_{12}——将患者连接与测量供电电路的接地点连接的开关。

S_{13}——未保护接地的金属可触及部分的接地开关。

S_{14}——患者连接与地连接或断开的开关。

S_{15}——将置于非导电外壳下方的金属板接地的开关。

P_1——连接 ME 设备电源用的插头、插座或接线端子。

P_2——连接 ME 系统中对 ME 设备供电的分立电源单元或其他电气设备用的插头、插座或接线端子。

MD——测量装置。

FE——功能接地端子。

PE——保护接地端子。

R——保护电路和试验人员的阻抗，但要足够低以便能测得大于漏电流容许值的电流（可选的）。

- - - - - 可选的连接。

⏚——参考地（用于漏电流和患者辅助电流测量和防除颤应用部分的试验，不连接到供电网的保护接地）。

⊙——供电网电压源。

二、实验设备与器材

实验采用南京长盛仪器有限公司的 CS2675FX 型医用泄漏电流测试仪对心电图机、监护仪、除颤仪进行连续漏电流和患者辅助电流的测试。

1. CS2675FX 型医用泄漏电流测试仪工作原理

CS2675FX 型医用泄漏电流测试仪用于测量医用电气设备的连续漏电流和患者辅助电流。该测试仪符合 GB 9706.1—2007 的要求（说明：本教材中由于检测仪器尚未执行 GB 9706.1—2020 新标准，涉及该仪器测量步骤均参照 GB 9706.1—2007 执行），测试电流达 $5\mu A$，输出电压 0～250V 连续可调，输出的基本容量配置为 300V·A 的隔离电源，可以满足Ⅰ、Ⅱ类各型设备进行正常状态下和单一故障状态下的对地漏电流、外壳漏电流、患者漏电流、患者辅助电流的测试。

CS2675FX 型医用泄漏电流测试仪工作原理框图如图 1-15 所示，主要由测试回路（MD）、量程变换、交直流转换、指示装置、超限报警电路和测试电压调节装置组成。测试

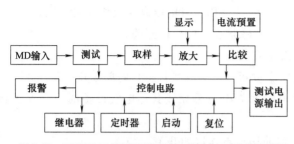

图 1-15　CS2675FX 型医用泄漏电流测试仪工作原理框图

回路（MD）完全符合 GB 9706.1—2007 中的要求；量程变换部分可根据实际负载大小选择合适的量程；交直流转换部分将交流电压和电流信号转换成直流电压和电流信号；指示装置显示测试电压和实际泄漏电流以及测试时间；超限报警电路完成对不合格产品的报警和指示并自动切断高压；测试电压调节装置可以根据不同的标准需要调节合适的测试电压。

2. CS2675FX 型医用泄漏电流测试仪功能应用

CS2675FX 型医用泄漏电流测试仪前面板示意图如图 1-16 所示。仪器面板的各个功能如下：

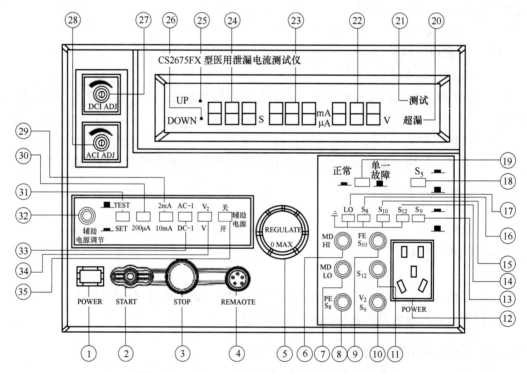

图 1-16　CS2675FX 型医用泄漏电流测试仪前面板示意图

① 输入电源开关：按下为开（ON），弹出为关（OFF）。

② START 测试键：在开机状态下按下此按键，测试仪开始测试。

③ STOP 停止键：按下时，测试灯灭，无测试电压输出。

④ 远控接口。

⑤ 泄漏测试电压调节钮：顺时针为大，反之为小。

⑥ MD HI：此端子为电流测量输入端，与仪器内部的 MD 测量端连接在一起。

⑦ MD LO：此端子为电流测量输入端，与仪器内部的 MD 测量端连接在一起。当 LO

按键弹出时，此端与仪器内部的地连接在一起；当 LO 按键按下时，此端与仪器内部的地断开，与仪器内部的 MD 测量端连接在一起。

⑧ PE S_8：保护接地接线端子。此端子接地与否通过 S_8 按键进行选择。在测试时，此端可与被测试设备的 PE 端连接在一起。此仪器中 PE S_8 与 GB 9706.1—2020 标准中的 PE S_7 等同使用。

⑨ FE S_{10}：功能接地接线端子。此端子接地与否通过 S_9 按键进行选择。在测试时，此端可与被测试设备的 FE 端连接在一起。

⑩ V_2 S_9：辅助电源输出端。此端可通过 S_9 按键进行换相。

⑪ S_{12} 接线端子：此仪器中 S_{12} 接线端子与 GB 9706.1—2020 标准中的 S_{13} 接线端子等同使用。

⑫ 电源输出插座：此插座为测试电源输出插座。测试时，被测试仪器的插头插在此插座上。

⑬ S_9 按键：此按键对辅助电源进行换相。

⑭ S_{12} 按键：此按键控制 S_{12} 接线端子是否接地。此仪器中 S_{12} 按键与 GB 9706.1—2020 标准中的 S_{13} 按键等同使用。

⑮ S_{10} 按键：此按键控制 FE 接线端子是否接地。

⑯ S_8 按键：此按键控制 PE 接线端子是否接地。此仪器中 S_8 与 GB 9706.1—2020 标准中的 S_7 等同使用。

⑰ LO 按键：此按键控制 MD LO 接线端子是否接地。

⑱ S_5 按键：此按键控制输出电源换相。

⑲ 正常/单一故障切换按键：此按键按下去为正常测试；弹出为单一故障测试。

⑳ 泄漏电流超漏指示灯：此灯亮表示泄漏电流超限。

㉑ 测试状态指示灯：此灯亮表示仪器正处在测试状态。

㉒ 电压显示窗口。

㉓ 电流显示窗口。

㉔ 时间显示窗口：时间的范围为 0.0～999s。当时间小于 100s 时，时间的分辨率为 0.1s；当时间大于等于 100s 时，时间的分辨率为 1s。如果时间设置值为 0.0s，则测试时，时间为加计数；当时间设置值不为 0.0s 时，时间为减计数。

㉕ UP 按键：设置时间时，按此键，时间设置值增大。

㉖ DOWN 按键：设置时间时，按此键，时间设置值减小。

㉗ 直流电流预置调节电位器：按下预置、测试按键和 AC-1/DC-1 转换按键为直流电流报警值预置状态，此时电流显示窗口的显示值为直流电流报警值。顺时针调节电位器，直流电流报警值增大；逆时针调节电位器，直流电流报警值减小。

㉘ 交流电流预置调节电位器：按下预置、测试按键，弹出 AC-1/DC-1 转换按键为交流电流报警值预置状态，此时电流显示窗口的显示值为交流电流报警值。顺时针调节电位器，交流电流报警值增大；逆时针调节电位器，交流电流报警值减小。

㉙ 2mA/10mA 切换按键：当 200μA 挡按键弹出时，此键按下为 10mA 挡，弹出为 2mA 挡。

○30 200μA 挡：此键按下为 200μA 挡（无论 2mA/10mA 切换按键按下与否）。

○31 预置、测试按键：此键按下为预置，弹出为测试。

○32 辅助电源调节电位器：此电位器为辅助电源输出调节电位器。若辅助电源输出开关按键处于开的位置，辅助电源、主电源显示切换开关处于 V_2 的位置，测试时，调节此电位器，在电压显示窗口显示的辅助电源输出电压值发生改变。

○33 AC-1/DC-1 转换按键。

○34 辅助电源、主电源显示切换开关：此键按下为主电源电压显示 V，弹出为辅助电源电压显示 V_2。

○35 辅助电源输出开关按键：此键按下为辅助电源开，则测试时，辅助电源输出端 V2 S9 有电压输出；此键弹出为辅助电源关。

三、实验内容与步骤

1. 安全操作步骤

（1）戴绝缘手套、垫绝缘橡皮垫防触电

为了预防触电事故的发生，在使用本测试仪之前，请先戴上绝缘手套，脚下垫绝缘橡皮垫，以防高压电击造成生命危险。

（2）检查仪器是否可以基本正常工作

将仪器接入电源后，按下电源开关键，观察仪器显示面板是否有异常情况出现。一旦出现异常情况，立即关断电源。如果显示正常，在没有接入被测品的状态下，检查启动、停止、时间设置键是否工作正常。一旦发现有异常情况，立即停止测试。

（3）将被测品正确接入测试仪

在连接被测品时，必须保证电压输出为"0"及在"STOP"状态。当测试 I 类设备时，将被测品的插头插入测试仪的三眼插座；当测试 II 类设备时，将被测品的插头插入测试仪的两眼插座。

（4）更换待测物

当一个待测物已被测试完毕，更换另一个待测物时，请务必确认：①测试仪处于"复位"状态；②测试指示灯不闪烁。

（5）测试仪处于测试状态

当本测试仪处于测试状态时，测试线、待测物、输出端都带有电压，请不要触摸。

（6）测试终止

当测试已告一段落而不需要使用时，或是测试仪不再使用时，或在使用中而需离开时，将电源开关置于 OFF 的位置。

2. CS2675FX 型医用泄漏电流测试仪的测试方法与应用

（1）测试前的准备

① 接通电源开关使仪器处于开机状态；按下启动按钮，调节泄漏测试电压调节钮，观

察电压显示窗口，将测试电压调至最高额定电网电压的110％，然后按下复位按钮，切断测试电压。

② 在复位状态下，将被测医用电气设备电源插头与仪器的测试电源输出端连接，打开被测医用电气设备电源。

③ 设定泄漏电流报警值：按下泄漏电流预置开关，此时泄漏电流显示窗口指示所设定的报警值。根据相应标准选择泄漏电流测试量程。调节直流电流预置调节电位器或交流电流预置调节电位器至所需值，顺时针调节预置电流增大，逆时针调节预置电流减小。将报警电流值预置到测试所需的值，弹出预置、测试按键。设定完毕后，再按一下预置、测试按键使之处于测试状态。AC-1/DC-1 转换按键按下，使仪器处于交流/直流电流报警值预置状态。

④ 辅助电源电压调节：按下辅助电源输出开关按键，切换辅助电源、主电源显示切换开关（此键按下为主电源电压显示 V，弹出为辅助电源电压显示 V2），调节辅助电源调节电位器，将其调节至所需的辅助电源电压值，然后按下复位按钮，切断测试电压（如果测量中不需要用到辅助电源，此步骤可以跳过）。辅助电源用于模拟一些医用电气设备在工作中，同时又用到另外一种 220V 供电设备（例如内窥镜，用到负压吸引的 220V 供电的吸引器）的情况。

⑤ 测试时间预置调节：测试仪处于复位状态。

a. 时间增大：在前面板上有一个 UP 按键，按一下此按键，时间预置值加 1；如果连续按住此键，时间预置值连续加 1，当加到一定值后，时间预置值连续加 10，直至到 999s。

b. 时间减小：在前面板上有一个 DOWN 按键，按一下此按键，时间预置值减 1；如果连续按住此键，时间预置值连续减 1，当减到一定值后，时间预置值连续减 10，直至到 0.0s。

（2）对地漏电流的测量

具有或没有应用部分的Ⅰ类 ME 设备对地漏电流（图 1-7）的测量步骤：

① 将被测医用电气设备保护接地（PE）与测试仪的 MD HI 端子连接，将测试仪的 MD LO 按钮弹出，使该 MD LO 端接地。如果被测医用电气设备有功能接地，就将被测医用电气设备的功能接地端子与测试仪的 FE S_{10} 端子相连（此项在图中为虚线，是可选择的连接，可以连也可以不连）。如果需要，也可以将被测医用电气设备的外壳与测试仪的 S_{12} 接线端子相连（此项在图中为虚线，是可选择的连接，可以连也可以不连）。

② 将正常/单一故障切换按键按下，为"正常状态"；按下 START 测试键，此时测试灯亮，说明测试仪已经有 242V 电压输出给被测医用电气设备，被测医用电气设备得电，切换测试电源供电电路极性转换开关（S_5）按键，分别读出 2 个泄漏电流值；按下 STOP 停止键，切断测试电压，找出每种状态下测试的最大值，并将其和标准值进行比较。

③ 将正常/单一故障切换按键弹出，模拟断开一根电源线单一故障状态；按下启动按钮，切换测试电源供电电路极性转换开关（S_5）按键，分别读出 2 个泄漏电流值；按下 STOP 停止键，切断测试电压，找出每种状态下测试的最大值，并将其和标准值进行比较。

④ 在测试过程中，如果测试电流小于电流设置上限，测试结束或按下复位按钮后，测

试灯灭；如果测试电流大于电流设置上限，则超漏指示灯亮，同时蜂鸣器响。若在测试过程中报警，则被测医用电气设备的对地漏电流过大，不合格，按下复位按钮，将使仪器复位。如需读出过大的对地漏电流数值，可以按照预置方法，切换大一挡量程进行再次测量。

⑤ 如果连接了 FE S_{10} 和 S_{12}，则需要切换相应的 S_{10} 和 S_{12} 按钮，组合测试漏电流数值，找出每种状态下测试的最大值，并将其和标准值进行比较。

（3）接触电流的测量

接触电流（图 1-8）的测量步骤：

① 将被测医用电气设备保护接地（PE）与测试仪的 PE S_8 连接端连接，将仪器保护接地按钮（S_8）弹出，使 PE 端接地（Ⅰ类设备）；将被测医用电气设备外壳与测试仪的 MD HI 连接，将测试仪的 MD LO 按钮弹出，使该 MD LO 端接地（图中的虚线，为可选择的连接，可以连也可以不连）。

② 按下启动按钮，将正常/单一故障切换按键按下，为"正常状态"，切换测试电源供电电路极性转换开关（S_5）按键，分别读出 2 个泄漏电流值；按下复位按钮，切断测试电压。

③ 按下启动按钮，将正常/单一故障切换按键弹出，模拟断开一根电源线单一故障状态，切换测试电源供电电路极性转换开关（S_5）按键，分别读出 2 个泄漏电流值；按下复位按钮，切断测试电压。

④ 按下启动按钮，将仪器保护接地按钮（S_8）弹出，模拟断开保护接地线单一故障状态，切换测试电源供电电路极性转换开关（S_5）按键，分别读出 2 个泄漏电流值；按下复位按钮，切断测试电压。

⑤ 连接辅助电源：将（V_2 S_9）端子连接被测医用电气设备信号输入输出端，按下辅助电源输出开关按键，切换辅助电源、主电源显示切换开关（弹出为辅助电源电压显示 V_2），调节辅助电源调节电位器，将其调节至所需的辅助电源电压值。模拟信号输入部分或信号输出部分出现一个外来电压的单一故障，切换测试电源供电电路极性转换开关（S_5）按键，切换辅助电源供电电路极性转换开关（S_9）按键，分别读出 4 个泄漏电流值；按下复位按钮，切断测试电压。

⑥ 如果连接了 FE S_{10} 和 S_{12}，则需要切换相应的 S_{10} 和 S_{12} 按钮，组合测试 MD_1 漏电流数值。

（4）患者漏电流的测量

① 从患者连接至地的患者漏电流（图 1-9）的测量步骤

a. 将被测医用电气设备保护接地（PE）与测试仪的 PE S_8 连接端连接，将仪器保护接地按钮（S_8）弹出，使 PE 端接地（Ⅰ类设备）；将被测医用电气设备应用部分与测试仪的 MD HI 连接，将测试仪的 MD LO 按钮弹出，使该 MD LO 端接地；将被测医用电气设备的外壳与测试仪的 S_{12} 接线端子相连，S_{12} 按键按下；如果需要，也可以将被测医用电气设备的功能接地端与测试仪的 S_{10} 接线端子相连。（说明：由于该仪器参照 GB 9706.1—2007 执行，操作中忽略 S_{15} 置于非导电外壳下方的金属板接地的开关。）

b. 按下启动按钮，将正常/单一故障切换开关按下，为"正常状态"，切换测试电源供电电路极性转换开关（S_5）按键，切换转换开关（S_{12}）按键，分别读出 4 个泄漏电流值；

按下复位按钮，切断测试电压。

c. 按下启动按钮，将正常/单一故障切换开关弹出，模拟断开一根电源线单一故障状态，切换测试电源供电电路极性转换开关（S_5）按键，切换转换开关（S_{12}）按键，分别读出 4 个泄漏电流值；按下复位按钮，切断测试电压。

d. 按下启动按钮，将仪器保护接地按钮（S_8）弹出，将正常/单一故障切换开关按下，模拟断开保护接地线单一故障状态，切换测试电源供电电路极性转换开关（S_5），切换转换开关（S_{12}）按键，分别读出 4 个泄漏电流值；按下复位按钮，切断测试电压。

e. 总患者漏电流容许值仅对有多个应用部分的设备适用。单个应用部分应符合患者漏电流容许值。

f. 如果连接了 S_{10}，则需要切换相应的 S_{10} 按钮，进行患者漏电流测试，找出每种状态下测试的最大值，并将其和标准进行比较。

② 由患者连接上的外来电压所引起的从 F 型应用部分患者连接至地的患者漏电流的测量（图 1-10）步骤

a. 将被测医用电气设备保护接地（PE）与测试仪的 PE S_8 连接端连接，将仪器保护接地按钮（S_8）弹出，使 PE 端接地（I 类设备）；将被测医用电气设备应用部分与测试仪的 MD HI 连接，将测试仪的 MD LO 按钮弹出，使该 MD LO 端不接地；将被测医用电气设备的外壳与测试仪的 S_{12} 接线端子相连，S_{12} 按键按下；如果需要，也可以将被测医用电气设备的功能接地端与测试仪的 S_{10} 接线端子相连。

b. 连接辅助电源：将 V_2 S_9 端子连接保护电阻 R 连接到 MD LO 端，按下辅助电源输出开关按键，切换辅助电源、主电源显示切换开关（弹出为辅助电源电压显示 V_2），调节辅助电源调节电位器，调节至所需的辅助电源电压值。

c. 按下启动按钮，将正常/单一故障切换开关按下，为"正常状态"，切换测试电源供电电路极性转换开关（S_5）按键，切换辅助电源供电电路极性转换开关（S_9），切换转换开关（S_{12}）按键，分别读出 8 个泄漏电流值；按下复位按钮，切断测试电压。

d. 总患者漏电流容许值仅对有多个应用部分的设备适用。单个应用部分应符合患者漏电流容许值。

e. 如果连接了 S_{10}，则需要切换相应的 S_{10} 按钮，找出每种状态下测试的最大值，并将其和标准值进行比较。

③ 信号输入/输出部分上的外来电压引起的从患者连接至地的患者漏电流（图 1-11）的测量步骤

a. 将被测医用电气设备保护接地（PE）与测试仪的 PE S_8 连接端连接，将仪器保护接地按钮（S_8）弹出，使 PE 端接地（I 类设备）；将被测医用电气设备应用部分与测试仪的 MD HI 连接，将测试仪的 MD LO 按钮弹出，使该 MD LO 端接地；将被测医用电气设备的外壳与测试仪的 S_{12} 接线端子相连，S_{12} 按键按下；如果需要，也可以将被测医用电气设备的功能接地端与测试仪的 S_{10} 接线端子相连。

b. 连接辅助电源：将 V_2 S_9 端子连接被测医用电气设备的信号输入输出端，按下辅助电源输出开关，切换辅助电源、主电源显示切换开关（弹出为辅助电源电压显示 V_2），调节辅助电源调节电位器，调节至所需的辅助电源电压值。

c. 按下启动按钮，将正常/单一故障切换开关按下，为"正常状态"，切换测试电源供电电路极性转换开关（S_5）按键，切换辅助电源供电电路极性转换开关（S_9），切换转换开关（S_{12}）按键，分别读出 8 个泄漏电流值；按下复位按钮，切断测试电压。

d. 按下启动按钮，将正常/单一故障切换开关弹出，模拟断开一根电源线单一故障状态，切换测试电源供电电路极性转换开关（S_5）按键，切换转换开关（S_9）按键，切换转换开关（S_{12}）按键，分别读出 8 个泄漏电流值；按下复位按钮，切断测试电压。

e. 按下启动按钮，将仪器保护接地按钮（S_8）弹出，将正常/单一故障切换开关按下，模拟断开保护接地线单一故障状态，切换测试电源供电电路极性转换开关（S_5），切换转换开关（S_9）按键，切换转换开关（S_{12}）按键，分别读出 8 个泄漏电流值；按下复位按钮，切断测试电压。

f. 总患者漏电流容许值仅对有多个应用部分的设备适用。单个应用部分应符合患者漏电流容许值。

g. 如果连接了 S_{10}，则需要切换相应的 S_{10} 按钮，找出每种状态下测试的最大值，并将其和标准值进行比较。

④ 由未保护接地的金属可触及部分上的外来电压引起的从患者连接至地的患者漏电流（图 1-12）的测量步骤：

a. 将被测医用电气设备保护接地（PE）与测试仪的 PE S_8 连接端连接，将仪器保护接地按钮（S_8）弹出，使 PE 端接地（Ⅰ类设备）；将被测医用电气设备应用部分与测试仪的 MD HI 连接，将测试仪的 MD LO 按钮弹出，使该 MD LO 端接地；如果需要，也可以将被测医用电气设备的功能接地端与测试仪的 S_{10} 接线端子相连。

b. 连接辅助电源：将 V_2 S_9 端子连接被测医用电气设备的信号输入输出端，按下辅助电源输出开关，切换辅助电源、主电源显示切换开关（弹出为辅助电源电压显示 V_2），调节辅助电源调节电位器，调节至所需的辅助电源电压值。

c. 按下启动按钮，将正常/单一故障切换开关按下，为"正常状态"，切换测试电源供电电路极性转换开关（S_5）按键，切换辅助电源供电电路极性转换开关（S_9），分别读出 4 个泄漏电流值；按下复位按钮，切断测试电压。

d. 总患者漏电流容许值仅对有多个应用部分的设备适用。单个应用部分应符合患者漏电流容许值。

e. 如果连接了 S_{10}，则需要切换相应的 S_{10} 按钮，找出每种状态下测试的最大值，并将其和标准值进行比较。

（5）内部电源供电设备的患者漏电流的测量

内部电源供电设备从 F 型应用部分至外壳的患者漏电流的测量（图 1-13）步骤：

① 将内部电源供电医用电气设备应用部分与测试仪的 MD HI 连接，将内部电源供电医用电气设备的外壳与测试仪的 MD LO 接线端子相连，将测试仪的 MD LO 按钮按下，使该 MD LO 端不接地。

② 对所有相同功能的患者应用部分导联端进行测试，找出最大值，并将其和标准值进行比较。

（6）患者辅助电流的测量

患者辅助电流测量（图 1-14）步骤：

① 将被测医用电气设备保护接地（PE）与测试仪的 PE S_8 连接端连接，将仪器保护接地按钮（S_8）弹出，使 PE 端接地（Ⅰ类设备）；将被测医用电气设备一端应用部分与测试仪的 MD HI 连接，将被测医用电气设备另一端应用部分与测试仪的 MD LO 连接，将测试仪的 MD LO 按钮按下，使该 MD LO 端不接地；如果需要，也可以将被测医用电气设备的功能接地端与测试仪的 S_{10} 接线端子相连。

② 按下启动按钮，将正常/单一故障切换开关按下，为"正常状态"，切换测试电源供电电路极性转换开关（S_5）按键，分别读出 2 个泄漏电流值；按下复位按钮，切断测试电压。

③ 按下启动按钮，将正常/单一故障切换开关弹出，模拟断开一根电源线单一故障状态，切换测试电源供电电路极性转换开关（S_5）按键，分别读出 2 个泄漏电流值；按下复位按钮，切断测试电压。

④ 按下启动按钮，将仪器保护接地按钮（S_8）弹出，将正常/单一故障切换开关按下，模拟断开保护接地线单一故障状态，切换测试电源供电电路极性转换开关（S_5）按键，分别读出 2 个泄漏电流值；按下复位按钮，切断测试电压。

⑤ 将所有的患者应用部分都测量一次，找出最大值，并将其和标准值进行比较。

⑥ 如果连接了 S_{10}，则需要切换相应的 S_{10} 按钮，进行患者漏电流测试，找出每种状态下测试的最大值，并将其和标准值进行比较。

四、实验报告

1. 说明具有或没有应用部分的Ⅰ类 ME 设备对地漏电流测试方法。
2. 具有或没有应用部分的Ⅰ类 ME 设备对地漏电流测试数据。

被测设备名称：＿＿＿＿＿＿　　被测设备是否合格：＿＿＿＿＿＿

图号	状态	常闭开关	常开开关	组合开关	组合数	0	1	容许值/μA
1-7	正常状态	S_1		S_5,S_{10},S_{12}	2			
	单一故障		S_1	S_5,S_{10},S_{12}	2			

注：1. 若被测设备无应用部分和功能接地。

2. S_5 正向为 0，S_5 反向为 1。

3. 说明接触电流测试方法。
4. 接触电流测试数据。

被测设备名称：＿＿＿＿＿＿　　被测设备是否合格：＿＿＿＿＿＿

图号	状态	常闭开关	常开开关	组合开关	组合数	00	01	10	11	容许值/μA	MD
1-8	正常状态	S_1,S_7		S_5,S_9,S_{10},S_{12}	4						在地和未保护接地的外壳每一部分之间测量
		S_1,S_7		S_5,S_9,S_{10},S_{12}	4						在未保护接地外壳的各部分之间测量

续表

图号	状态	常闭开关	常开开关	组合开关	组合数	00	01	10	11	容许值/μA	MD
1-8	单一故障	S_7	S_1	S_5,S_9,S_{10},S_{12}	4						在地和未保护接地的外壳每一部分之间测量
	单一故障	S_7	S_1	S_5,S_9,S_{10},S_{12}	4						在未保护接地外壳的各部分之间测量
	单一故障	S_1	S_7	S_5,S_9,S_{10},S_{12}	4						地和正常情况下保护接地的外壳任意部分之间测量

注：1. 若被测设备无应用部分和功能接地，若规定电源无功能接地。

2. S_5 正向为 0，S_5 反向为 1，S_9 正向为 0，S_9 反向为 1。

5. 说明从患者连接至地的患者漏电流测试方法。

6. 从患者连接至地的患者漏电流测试数据。

被测设备名称：_____　　被测设备是否合格：_____

图号	状态	常闭开关	常开开关	组合开关	组合数	00	01	10	11	容许值/μA
1-9	正常状态	S_1,S_7		S_5,S_{10},S_{13}	4					
	单一故障	S_7	S_1	S_5,S_{10},S_{13}	4					
	单一故障	S_1	S_7	S_5,S_{10},S_{13}	4					

注：1. 若被测设备无功能接地。

2. 对有多个应用部分，将所有的相同功能的患者应用部分导联端合并一起检测。

3. S_5 正向为 0，S_5 反向为 1，S_{13} 正向为 0，S_{13} 反向为 1。

7. 说明由患者连接上的外来电压所引起的从一个 F 型应用部分的患者连接至地的患者漏电流测试方法。

8. 由患者连接上的外来电压所引起的从一个 F 型应用部分的患者连接至地的患者漏电流测试数据。

被测设备名称：_____　　被测设备是否合格：_____

图号	状态	常闭开关	组合开关	组合数	000	001	010	011	100	101	110	111	容许值/μA
1-10	特定状态	S_1,S_7	S_5,S_9,S_{10},S_{13}	8									

注：1. 若被测设备无功能接地。

2. 对有多个应用部分，将所有的相同功能的患者应用部分导联端合并一起检测。

3. S_5 正向为 0，S_5 反向为 1，S_9 正向为 0，S_9 反向为 1，S_{13} 正向为 0，S_{13} 反向为 1。

9. 说明信号输入/输出部分上的外来电压引起的从患者连接至地的患者漏电流测试方法。

10. 信号输入/输出部分上的外来电压引起的从患者连接至地的患者漏电流测试数据。

被测设备名称：_____　　被测设备是否合格：_____

图号	状态	常闭开关	常开开关	组合开关	组合数	000	001	010	011	100	101	110	111	容许值/μA
1-11	正常状态	S_1,S_7		S_5,S_9,S_{10},S_{13}										
	单一故障	S_7	S_1	S_5,S_9,S_{10},S_{13}										
	单一故障	S_1	S_7	S_5,S_9,S_{10},S_{13}										

注：1. 若被测设备无功能接地。

2. 对有多个应用部分，将所有的相同功能的患者应用部分导联端合并一起检测。

3. S_5 正向为 0，S_5 反向为 1，S_9 正向为 0，S_9 反向为 1，S_{13} 正向为 0，S_{13} 反向为 1。

11. 说明由未保护接地的金属可触及部分上的外来电压引起的从患者连接至地的患者漏电流测试方法。

12. 由未保护接地的金属可触及部分上的外来电压引起的从患者连接至地的患者漏电流测试数据。

被测设备名称：_____　　被测设备是否合格：_____

图号	状态	常闭开关	组合开关	组合数	00	01	10	11	容许值/μA
1-12	特定状态	S_1,S_7	S_5,S_9,S_{10}	4					

注：1. 若被测设备无功能接地。

2. 对有多个应用部分，将所有的相同功能的患者应用部分导联端合并一起检测。

3. S_5 正向为 0，S_5 反向为 1，S_9 正向为 0，S_9 反向为 1。

13. 说明患者辅助漏电流测试方法。

14. 患者辅助漏电流测试数据。

被测设备名称：_____　　被测设备是否合格：_____

图号	状态	常闭开关	常开开关	组合开关	组合数	0	1	相量测量图中 MD 号	容许值/μA
1-14	正常状态	S_1,S_7		S_5,S_{10}	2			MD	
	单一故障	S_7	S_1	S_5,S_{10}	2			MD	
	单一故障	S_1	S_7	S_5,S_{10}	2			MD	

注：1. 若被测设备无功能接地。

2. 任一患者连接与其他所有直接连接到一起或按正常使用加载的患者连接之间测量。

3. S_5 正向为 0，S_5 反向为 1。

实验二
接地电阻测试

一、实验理论与基础

1. 接地电阻测试通用要求

在 GB 9706.1—2020《医用电气设备 第 1 部分：基本安全和基本性能的通用要求》中，接地电阻安全的通用要求如下。

在该标准中要求 I 类设备中可触及部分与带电部分间用基本绝缘隔离时，应以足够低的阻抗与保护接地端子连接。保护接地端子应适合于经电源软电线的保护接地导线，以及合适时经适当插头，或经固定的永久性安装的保护接地导线，与设施中的保护导线相连。对于设备指标要求为：不用电源软电线的设备，其保护接地端子与已保护接地的所有可触及金属部分之间的阻抗，不应超过 0.1Ω。

具有设备电源输入插口的设备，在该插口中的保护接地连接点与已保护接地的所有可触及金属部分之间的阻抗，不应超过 0.1Ω。

带有不可拆卸电源软电线的设备，网电源插头中的保护接地脚和已保护接地的所有可触及金属部分之间的阻抗，不应超过 0.2Ω。

采用下列试验来检验是否符合要求。

用 50Hz 或 60Hz、空载电压不超过 6V 的电流源，产生 25A 或 1.5 倍的设备额定电流，两者取较大的一个（±10％），在 5～10s 的时间内，在保护接地端子或设备电源输入插口保护接地连接点或网电源插头的保护接地脚和在基本绝缘失效情况下可能带电的每一个可触及金属部分之间流通。测量上述有关部分之间的电压降，根据电流和电压降确定的阻抗，不应超过上述所规定的值。

功能接地端子不应当作保护接地使用。如果带有隔离的内部屏蔽的II类设备，采用三根导线的电源软电线供电，则第三根导线（与网电源插头的保护接地连接点相连）只能用作内部屏蔽的功能接地，且应是绿/黄色的。内部屏蔽和与其相连的所有内部布线的绝缘，应是双重绝缘或加强绝缘。在此情况下，这种设备的功能接地端子的标识应与保护接地端子有所区别。

2. 接地电阻的测试方法

接地电阻的大小是衡量各种电气设备安全性能的重要指标之一。电气设备的保护接地是指将电气设备在正常情况下不带电的金属部分与接地体之间作良好的金属连接，防止电气设备绝缘损坏或其他原因造成外壳部分带电时发生人身触电事故。由于线路与大地间存在电容，或者线路上某处绝缘不好，如果人体触及此绝缘损坏的电气设备外壳，则电流就经人体而形成通路，这样就遭受了触电的危害。

有接地装置的电气设备，当绝缘损坏使外壳带电时，接地短路电流将同时沿着接地体和人体两条通路流过。流过每一条通路的电流值将与其电阻的大小成反比。

$$\frac{I_R}{I_d}=\frac{r_d}{r_R} \tag{2-1}$$

式中　I_d——沿接地体流过的电流；

I_R——流经人体的电流；

r_R——人体的电阻；

r_d——接地体的接地电阻。

从式（2-1）中可以看出，接地体的接地电阻愈小，流经人体的电流也就愈小。通常人体的电阻比接地体的接地电阻大数百倍，所以流经人体的电流也就比流经接地体的电流小数百倍。当接地的接地电阻极为微小时，流经人体的电流几乎等于零，因而，人体就能避免触电的危险。

由此可见，在施工或在运行中，在一年中的任何季节，均应保证接地电阻不大于设计或规程中所规定的接地电阻值，以免发生触电危险。

电气设备埋设接地装置后较没有埋设接地装置时要安全得多，但其安全性还与接地装置的布置形式有关。如果采用单根接地体或外引式接地体，那么由于电位分布得不均匀，人体仍不免受到触电的危险。人体距离接地体愈远，所受到的接触电压愈大。当距离接地体20m以上时，人体接触电气设备时所受到的接触电压，将接近于接地体的全部对地电压，这是极为危险的。此外，单根接地体或外引式接地体的可靠性也比较差。而且，外引式接地体仅依靠两条干线与室内接地干线相连接。若这两条干线发生损伤，则整个接地干线就与接地体断绝。当然，两条干线同时发生损伤的情况是比较少的。

若要测量接地线是否导通，采用最小刻度是1Ω左右的仪表即可，但若要确定接地线的正确电阻值，则需要采用最小刻度为10mΩ左右的低电阻测量仪器，以便能准确地测量0.1～0.2Ω范围内的电阻。但是，测量如此小的电阻时，被测点和表笔间的接触电阻也属同一数量级，所以除有一些简易的测量方法外，一般应采用四端网络法制成的测量仪器。

（1）单线接地线的电阻测量

仪器附属的接地线一般都是经过安全设计的，其电阻值应在安全标准范围内，只需用检测仪器做导通的简单试验即可。但也有较细的多股细导线在中途几乎断线，而只是靠一根细线导通的情况，此时，若不对电阻值进行实际测量是很危险的。这种测量除用上面介绍的低电阻测量仪器外，也可用如图2-1所示的简易测量法。电线的断线大多发生在接地线插头的根部附近，因此测量前最好将这一部分轻轻用力拉一下再测量。另外，还需注意连接墙壁接地端钮的鳄鱼夹子的弹簧松弛情况。此时，需要采用两端网络法测量，这种方法已考虑了因弹簧的松弛而引起接触电阻增大的情况。

（2）三芯引线中接地芯线的电阻测量

导通试验可将检测器的电阻测量钮的一个头和三眼插销的接地头相连，另一个头和仪器的接地端钮相连，即测量插销接地头和仪器接地端钮间的电阻。若仪器上无接地端钮，则必须在仪器内部找到和接地点相连的部分，然后测量它们之间的电阻。

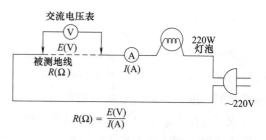

$$R(\Omega) = \frac{E(V)}{I(A)}$$

图 2-1 接地线电阻的简易测量法

（3）墙壁接地端钮间的电阻测量

如果在墙壁接地端钮处发生断线，医用仪器即使接了地也不会起作用，因此定期检查墙

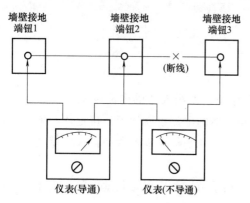

图 2-2 墙壁接地端钮间的导通测试

壁接地端钮非常重要。检查方法如图 2-2 所示，用检测器做各端钮间的导通试验即可。图 2-2 中的墙壁接地端钮 3 不起接地端钮的作用。一般来说，最容易发生导通不良（断线）的地方是墙壁接地端钮和接地母线连接点，这种情况可用肉眼进行定期检查。

此外，电阻值的测量也很重要，但要充分掌握端钮相互之间以及和其他房间中端钮的连接状况，需要经过仔细考虑后再测量，切勿使测量电流通过其他正在使用中的医用电子仪器，以免给患者带来危险。

（4）墙壁接地端钮的简易试验

若接地母线或接地干线在中途断线，则接地端钮将不再起作用，因此事先必须仔细检查接地端钮能否使用。在电杆上的变压器已接地的情况下，利用 220V 电灯线的一侧，就能进行这种简易试验。如图 2-3 所示，用交流电压表（100～250V 量程）作检测器，测量墙壁接地端钮和电源插座两孔中任何一个之间的电压，来证实其中一个是 220V，另一个几乎是 0V。此方法可用于测量接地端钮和电杆上变压器的接地端之间的导通情况。如果墙壁接地端钮系统在某处断线，则两孔的电压都将指示 0V。

（5）接地电阻通用测试方法

接地电阻通用测试方法是在大电流（25A 或 10A）的情况下对接地回路的电阻进行测量，同时也是对接地回路承受大电流指标的测试，以避免在绝缘性能下降（或损坏）时对人身的伤害。接地电阻测试仪用于测量电气设备内部的接地电阻，它所反映的是电气设备的各处外露可导电部分与电气设备

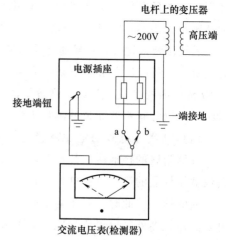

图 2-3 墙壁接地端钮简易试验

的总接地端子之间的（接触）电阻。接地电阻测试仪为了消除接触电阻对测试的影响，接线采用四端子测量法，即在被测电器的外露可导电部分和总接地端子之间加上电流（一般为25A左右），然后再测量这两端的电压，算出其电阻值。

四端子测量法的测量原理（图 2-4）是：对于每个测试点都有一条激励线 F 和一条检测线 S，二者严格分开，各自构成独立回路，两根电流线提供电流，两根电压线获取电压；同时要求 S 线必须接到一个有极高输入阻抗的测试回路上，使流过检测线 S 的电流极小，近似为零。由于电压线的电阻与电压表（或者电压测量回路）的内阻相比微乎其微，可以忽略不计，所以可以认为，电压表（或者电压测量回路）两端得到的电压值就是电压线两端的电压值。又因为电压表的内阻很大，可以认为电压测量回路流过的电流为零，电流线流过的电流全部流经被测电阻，那么再测出电流线流过的电流，根据欧姆定律，用电压值除以电流值就能算出电压线两端的电

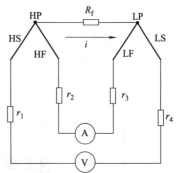

图 2-4　四端子测量法的测量原理

阻。即测得的是这两根电压线与被测电阻的两个接触点之间的电阻。

四端子测量法的优点：不受测试导线电阻的影响，测试准确。

二、实验设备与器材

为了加深对医用电气安全重要性的认识，学会接地电阻测试，本次实验分别采用上海安标电子有限公司的 PC39 型数字接地电阻测试仪和南京长盛仪器有限公司的 CS5800 型接地电阻测试仪对被测仪器（隔离变压器/心电图机）进行检测。

1. PC39 型数字接地电阻测试仪

该仪器符合国家标准 GB 9706.1—2020《医用电气设备 第 1 部分：基本安全和基本性能的通用要求》，适用于测量各种医用电气设备的保护接地端和金属壳体之间的电阻值。

（1）工作原理

PC39 型数字接地电阻测试仪结构组成如图 2-5 所示，测量端的工作原理如图 2-6 所示，恒流电源通过两个电流引线极（红色粗线端 A、黑色粗线端 B）将电流供给待测低值电阻 R_x，数字电压则通过两个电压引线极（红色细线端 a、黑色细线端 b）来测量由恒流电源所供电流在待测低值电阻上所形成的电位差 U_x。由于两个电流引线极在两个电压引线极之外，可排除电流引线极接触电阻和引线电阻对测量的影响。又由于数字电压表的输入阻抗很高，电压引线极接触电阻和引线电阻对测量的影响可忽略不计。

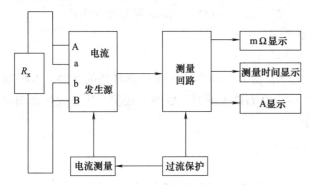

图 2-5　PC39 型数字接地电阻测试仪结构组成

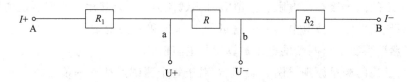

图 2-6　测量端工作原理图

（2）功能键说明和设定

PC39 型数字接地电阻测试仪前面板示意图如图 2-7 所示。

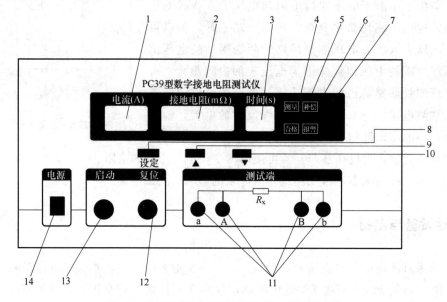

图 2-7　PC39 型数字接地电阻测试仪前面板示意图

1—"电流"显示窗口；2—"接地电阻"显示窗口；3—"时间"显示窗口；4—"测量"指示灯；5—"合格"
指示灯；6—"补偿"状态指示灯；7—"报警"指示灯；8—"设定"键；9—"▲"键（增加）；
10—"▼"键（减少）；11—测量端；12—"复位"按钮；13—"启动"按钮；14—"电源"开关

2. CS5800 型接地电阻测试仪

（1）功能键说明和设定

图 2-8 是 CS5800 型接地电阻测试仪前面板示意图，仪器的功能布局是：

① 电源开关：用来控制是否接通电源，按下为开（ON），弹出为关（OFF）。

② 电流调节钮：调节此钮使电流输出为 5～30A。

③ TEST 测试键：按下此按键，测试仪开始测试。

④ RESET 复位键：在进行测试时，作为停止测试进入下一个待测状态的开关。在测试过程中，也可以作为中断测试的开关。在待测物测试失败时，蜂鸣器报警，按下此按键测试仪可以停止报警，并进入下一个待测状态。

⑤ REMOTE 端口：远端遥控测试枪接口。

⑥ 电阻检测端。

⑦ 电流输出端：若用遥控测试枪，此端接测试枪电流端（粗线端）。

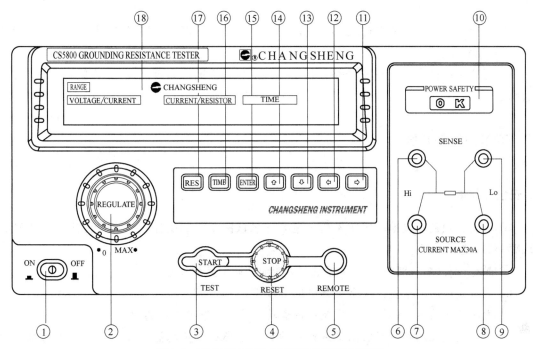

图 2-8 CS5800 型接地电阻测试仪前面板示意图

⑧ 电流输出端：若用遥控测试枪，此端接测试枪电流端。

⑨ 电阻检测端：若用遥控测试枪，此端接测试枪电阻端。

⑩ 电源故障指示灯：当测试仪电源开关未按下时，若测试仪电源输入端 L、N 以及地线接线正确，则"O""K"指示灯亮，否则灯灭。此时应当检查接线并确保接线正确，才可以使用测试仪。当测试仪电源开关按下时，"O""K"指示灯灭。

⑪ ⇨ 键：在设置电阻、时间参数时，作为选择参数位的功能键。按此按键被选择的参数位在原来选中位的基础上右移一位。

⑫ ⇦ 键：在设置电流、时间参数时，作为选择参数位的功能键。按此按键，被选择的参数位在原来选中位的基础上左移一位。

⑬ ⇩ 键：在参数设置时，作为调整参数数值的功能键。按此按键 1 次，被调整的参数值减 1。

⑭ ⇧ 键：在参数设置时，作为调整参数数值的功能键。按此按键 1 次，被调整位的值加 1。

⑮ ENTER 键：用于对电阻、时间设置值的确认。

⑯ TIME 键：测试时间设置键。按一下进入设置状态，与 ⇧、⇩、⇦、⇨ 键组合设定参数大小。设置状态下按 RES 键可退出时间设置，且保留原来的设定值，时间设定范围为 $0 \sim 999s$。

⑰ RES 键：测试电阻设置键。其操作同 TIME 键。设定范围为 $0 \sim 600 m\Omega$，若设定值超过 $600 m\Omega$，则按下 ENTER 键后设定值将被限制在 $600 m\Omega$。

⑱ VFD 显示屏：VFD 显示屏用于人机接口，显示接地电阻范围、测试电流值、接地电阻设定值、测试时间值，以及相应的测试状态。

（2）安全注意事项

① 在操作过程中，要在按复位键后，确认测试灯不亮时，才可移动测试夹子或更换待测物，以防触电。

② 无论是测试合格或是不合格，按下 RESET 复位键，即可返回正常状态，等待下一次测试。

三、实验内容与步骤

1. 安全操作要求

① 仪器必须良好接地。操作人员一定要熟悉该测试仪的操作程序方可使用。操作时必须戴好橡胶绝缘手套。

② 测量过程中，"测量"指示灯亮，不能随意调节其他按钮。

③ 测试完毕后，至复位状态，方可拆下接线。

④ 为保持仪器本身的散热效果及正常运转，请勿堵塞狭缝或通风口。

⑤ 避免放置在阳光直射、雨淋或潮湿之处。远离火源及高温，以防仪器温度过高。搬运或维修时，应先关机并将电源线拆掉。

2. PC39 型接地电阻测试仪操作步骤

（1）初始状态

接通仪器工作电源，打开"电源"开关，仪器的"电流""接地电阻""时间"显示窗口的显示值都为 0，此时仪器处于初始状态并预热。

（2）功能应用

① 报警接地电阻值设定：按一下"设定"键，"电流"显示窗口显示"A--"，"接地电阻"显示窗口显示上一次设定的接地电阻报警值。按"▲"键（增加）或"▼"键（减少）来得到所需要的报警接地电阻值。再按一下"设定"键，即保存接地电阻报警值并进入时间设定状态。

② 时间设定：当接地电阻报警值被保存时，"电流"显示窗口显示"T--"，"时间"显示窗口显示上一次设定的测试时间。此时可按"▲"键或"▼"键来得到所需要的测试时间。再按一下"设定"键，即保存时间设定值并进入测试电阻补偿值设定状态。

注：当设定值为 0 时，测试时间为∞即可连续测试。

③ 测试电阻补偿值设定：当时间设定值被保存时，"电流"显示窗口显示"P--"，"接地电阻"显示窗口显示上一次测试电阻补偿值。此时可按"▲"键或"▼"键来得到所需补偿值。再按一下"设定"键，即保存测试电阻补偿值并进入开路报警功能设定状态。

注：

a. 当测试电阻补偿值不为 0 时，"补偿"状态指示灯亮，测量时显示的接地电阻值已自动减去设定的补偿值。该功能用于扣除测量线电阻和夹具的接触电阻引起的误差。

b. 确认测试电阻补偿值的操作方法：仪器在初始状态下，将专用测量线的夹子对接，然后按下"启动"按钮。

（3）操作步骤

① 完成功能设定后，使仪器处于初始状态。

② 按图 2-9 正确接线。将一副（两组）测试线，红线组中粗、细测量棒一端分别插入

测试仪"A""a"测量端上（粗线对"A"，
细线对"a"），黑线组中粗、细测量棒一端
分别插入测量仪"B""b"测量端上（粗线
对"B"，细线对"b"），测量线另一端的
夹子分别接被测设备保护可触及的金属壳体
和接地端。

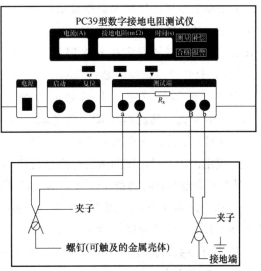

注：如果将电源线插头上的接地端代替被
测物接地端，则会给测量带来误差，增加引线
电阻引起的测量值。当大电流流过接地线时，
接地线会发热，所以测量时间不宜过长。

（4）测试步骤

按一下"启动"按钮，"测量"指示灯
亮。仪器自动进入设定测试电流值（恒流），
此时"时间"显示窗口显示剩余测试时间。

图 2-9　PC39 型数字接地电阻测试仪接线图

如被测物合格，测试时间一到，仪器会发出"嘟"的一声，且"合格"指示灯亮，"接地电
阻"显示窗口示值即为被测物的接地电阻值；当测量电阻值大于报警设定值时，"报警"指
示灯亮，待测试时间一到，仪器停止工作，并发出报警声，则判定被测物为不合格品。然后
按一下"复位"键，仪器退出测量状态，回到初始状态，"测量"指示灯灭。

在测试过程中，当接地电阻测量值超出测量范围时，"接地电阻"显示窗口显示"----"；
如果被测物上没有电流，则认为不构成回路，接地电阻值无穷大，仪器显示"----"。

3. CS5800 型接地电阻测试仪操作步骤

（1）初始状态

CS5800 型接地电阻测试仪首屏主要有四个显示单元，如图 2-10 所示。

① 测试电阻范围：200mΩ 或 600mΩ。

② 输出电流值：开机时无电压输出，显示为 00.00A。

③ 接地电阻报警设置值：开机后，自动显示上次关机前的接地电阻报警设置值。

④ 测试时间设置值：开机后，自动显示上次关机前的测试时间设置值。

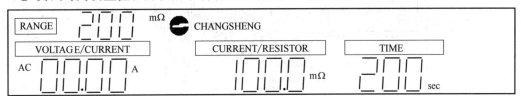

图 2-10　CS5800 型接地电阻测试仪初始状态

（2）功能应用

① 接地电阻报警值设定　接地电阻报警值参数的设定是使用 RES 键作为参数项目的选择键。按下 RES 键后，左边第一位数闪烁显示，表示这一位被选中，可通过按⌃、⌄、⌃、⌃ 键对图 2-10 中的四位数进行设定。当按下 ENTER 键时，设定值被保存起来。

电阻测试范围由接地电阻报警值决定，当设定的报警值小于等于 200mΩ 时，测试范围为 0～200mΩ，测试电流被限定在 31A 以内；当设定的报警值≤600mΩ 时，测试范围为 0～600mΩ，测试电流被限定在 11A 以内。当测试电流小于 4A 时，仪器不进行测试，接地电阻显示为 0，只有当测试电流超过 4A 时，测试仪才进行正常测试。

② 测试时间值设定　测试时间参数的设定是按 TIME 键进入设置模式，标志位"TIME ON"亮。其操作与 RES 键类似，可在 0～999s 范围内设定。

测试时间设定分为两种状态：

a. 设定值为 0 时，该测试会持续进行而不会停止，除非待测试物测试失败或人为停止测试。计时器会继续计时到最高限值 999，然后归零并自动再从头开始计时，不会自动中止测试。

b. 如设定值为 200s，则测试时间为 200s，即从 200s 开始倒计时，直至为"0"，中止测试。当按下 ENTER 键时，设定值被保存起来。

③ 离开参数设定模式　设定完毕，可直接按 TEST 键进入测试状态。

（3）测试连线

完成功能设定后，使仪器处于初始状态，确保仪器在复位状态，在"测试"指示灯不亮时接线。按图 2-11 正确连接被测物。

① 一副（两组）测量线，红线组粗测量线接入测试仪红色电流接线柱（SOURCE），红线组细测量线接入测试仪红色电阻检测接线柱（SENSE）；黑线组粗测量线接入测试仪黑色电流接线柱（SOURCE），黑线组细测量线接入测试仪黑色电阻检测接线柱（SENSE）。

② 四端测试线分别接到被测器件上，测量线细线另一端应在电流输出线（大夹子）的内侧，将红色测试夹一个夹在隔离变压器总接地端（插头），黑色测试夹夹住机器可触及金属部分（注意：可触及金属部分必须与总接地端相通）。

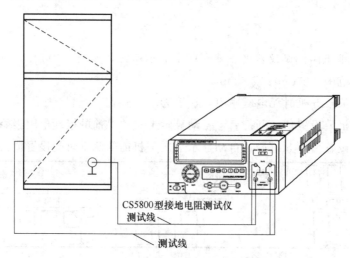

图 2-11　CS5800 型接地电阻测试仪接线图

（4）测试步骤

① 接通电源，开启电源开关，显示屏点亮。

② 按需要设置测试量程 200mΩ 或 600mΩ。当按下 RES 键并且设定电阻值在 0～205mΩ（含）范围内时，仪器自动切换到 200mΩ 量程；当设定电阻值在 205～600mΩ（含）范围内时，仪器自动切换到 600mΩ 量程。

③ 设定测试时间，当测试时间为零时，表示连续测试。

④ 将电流调节钮逆时针旋小一些，但不能旋到底。

⑤ 按下 TEST 测试键，即可进行测试。缓慢旋动电流调节钮，使测试工作电流为 25A。当按下 TEST 测试键时，测试标志位"TEST"亮，测试仪开始测试并输出高压，显示输出电流值、接地电阻值、测试时间值。

⑥ 测试时间到，测试仪自动停止测试，蜂鸣器"嘟——嘟——嘟——"响三声并且标志位"GOOD"亮。

⑦ 如检测出的接地电阻值大于接地电阻设定值，则测试仪立即停止测试，蜂鸣器"嘟——"长响，并且点亮"HIGH NG"指示灯。当设定的报警值小于等于 200mΩ 时，测试范围为 0～200mΩ，测试电流被限定在 31A 以内；当设定的报警值小于等于 600mΩ 时，测试范围为 0～600mΩ，测试电流被限定在 11A 以内。按动 RESET 复位键，可取消报警状态，并将电流调节钮逆时针旋小一些，以备下次测量。

四、实验报告

1. PC39 型接地电阻测试仪测试数据。

测试电阻补偿值为＿＿＿＿＿＿＿＿

电流	隔离变压器		
	测量值	极限值	测试结论
25A			
电流	心电图机		
	测量值	极限值	测试结论
25A			

2. CS5800 型接地电阻测试仪测试数据。

电流	隔离变压器		
	测量值	极限值	测试结论
25A			
电流	心电图机		
	测量值	极限值	测试结论
25A			

实验三
耐压和电介质强度测试

一、实验理论与基础

1. 电介质强度的概念

　　电介质是能够被电极化的绝缘体。电介质强度（或称为介电强度）测试是企业对电气产品的电气安全性能最基本的出厂检验。电介质强度测试是破坏性测试，因此，一般在电气产品的正常使用寿命内，基本都不再做电介质强度测试。为了保证电气产品在正常使用寿命的若干年内，保持电介质的绝缘性能，要求电气产品必须进行电介质强度测试。

　　电介质主要作为电气绝缘材料，故电介质也称为电绝缘材料。良好的绝缘是电气系统正常运行的基本保证，绝缘材料一般分为三类：

　　① 气体绝缘材料。常用的气体绝缘材料有空气、氮气、氢气、二氧化碳和六氟化硫（SF_6）等。气体绝缘材料广泛用于高压断路器等电气设备中。

　　② 液体绝缘材料。常用的液体绝缘材料有从石油中提炼的绝缘矿物油等。在变压器、电容器和电缆中使用的均是液体绝缘材料。

　　③ 固体绝缘材料。常用的固体绝缘材料有树脂绝缘漆纸、绝缘胶；纤维制品；橡胶、塑料及其制品；玻璃、陶瓷制品；云母、石棉及其制品等。固体绝缘材料同时具有绝缘和支撑作用，在电气系统中使用得最广泛。

　　电气设备的质量和使用寿命在很大程度上取决于绝缘材料的电、热、机械和理化性能，其中电气性能是决定设备电气安全性的重要指标。

　　影响电气设备绝缘性能的因素有很多。在制造、运输过程中可能产生潜伏性缺陷，这些潜伏性缺陷在长期运行过程中可能受到正常运行电压和过电压、热、化学、机械、生物等因素的影响而逐渐劣化，并发展成为缺陷。绝缘的缺陷一般可分为集中性（或局部性）缺陷和分布性缺陷两大类。集中性（或局部性）缺陷是指绝缘的某个局部或某几个部分存在缺陷，而剩余部分完好无损。例如瓷件局部开裂、发电机绕组线棒端部绝缘局部磨损或开裂、绝缘内部有气泡等。这种缺陷在一定条件下发展得很快，会波及整体。分布性缺陷是指绝缘在各种因素影响下导致的整体绝缘性能下降。例如绝缘整体受潮、变压器油变质、固体有机绝缘的老化等。这种缺陷是缓慢发展的。绝缘出现缺陷后，在电场作用下，会发生诸如极化、电导、损耗和击穿等各种物理现象，其电气特性及其他绝缘性能就要发生变化，导致绝缘破坏。绝缘破坏的形式有绝缘击穿、绝缘老化和绝缘损坏三种。

当用高压试验来评估绝缘的状况时，可以应用两种类型的试验：测量介电性能的非破坏性试验和测定介电强度或耐压寿命的破坏性试验。耐压测试用于检验电气设备、电气装置等承受过电压的能力。电气设备经耐压试验能够发现绝缘的局部缺陷、受潮及老化。耐压试验有工频交流耐压试验、直流耐压试验和冲击电压试验等。工频交流耐压试验其试验电压为被试设备额定电压的一倍多至数倍，不低于 1000V。直流耐压试验可通过不同试验电压时泄漏电流的数值绘制泄漏电流-电压特性曲线，通过漏电流值判别绝缘性能。电力电缆、高压电机等电气设备，因电容很大无法进行交流耐压试验时，则进行直流耐压试验。耐压试验是保证电气设备安全运行的有效手段。

2. 电介质强度测试通用要求

电介质强度测试要求在不同的电气行业中基本相同。在其他行业的安全标准中，进行介电强度试验时，引用了一个判断介质强度电流的概念，一般定为 20mA。在通用要求中，对于判断介电强度，没有整定电流值的概念，这是医用电气设备试验介电强度与其他行业试验介电强度时最大的区别，在进行试验时要注意这一点。为了确保医用电气设备的安全，国标 GB 9706.1—2020《医用电气设备 第 1 部分：基本安全和基本性能的通用要求》回应 GB 9706.1—2007《医用电气设备 第 1 部分：安全通用要求》对绝缘测试、爬电距离和电气间隙要求过于严格的忧虑，引入了对操作者的防护措施与对患者的防护措施的区分规定。

（1）防护措施（MOP）

在击穿发生的瞬间操作者接触相关部件和地的概率较低，所以对于 ME 设备，这样的剩余风险是可以接受的，然而，患者接触应用部分和地的概率会显著地更高一些，所以对患者的防护措施，延用了 GB 9706.1—2007 规定的值。而对操作者的防护措施，则允许制造商有三种选择（见图 3-1）。第一种选择是应用 GB 4943.1—2011 的要求并识别适当的设施类别和污染等级。第二种选择是制造商可以应用 GB 4943.1—2011 关于设施类别和污染等级的合理假设，表 3-1 为简化的 GB 4943.1。第三种选择是将对操作者的防护措施假定为对患者的防护措施来处理。

① 对患者的防护措施（Means of Patient Protection，MOPP）：为了降低电击对患者带来的风险的防护措施。

构成对患者的防护措施的固体绝缘应符合在表 3-1、表 3-2 规定的试验电压下进行的电介质强度试验。构成对患者的防护措施的爬电距离和电气间隙应符合表 3-3 中规定的限值。构成对患者的防护措施的保护接地连接应符合对保护接地的要求和试验。

② 对操作者的防护措施（Means of Operator Protection，MOOP）：为了降低电击对非患者的人员带来的风险的防护措施。

构成对操作者的防护措施的固体绝缘应符合在表 3-1 规定的试验电压下进行的电介质强度试验；构成对操作者的防护措施的爬电距离和电气间隙应符合表 3-3 规定的限值；构成对

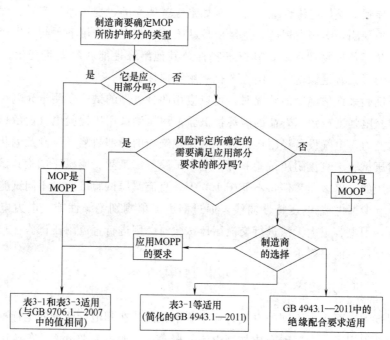

图 3-1 对患者的防护措施和对操作者的防护措施的识别

操作者的防护措施的保护接地连接应符合对保护接地的要求和试验。

ME 设备应有两重防护措施来防止应用部分和其他可触及部分超过规定的限值。每一重防护措施应归类为对患者的防护措施或对操作者的防护措施。举例：Y 电容被用于减少射频干扰，它是通过为高频交流电提供一个对地的低阻抗路径来实现的。作为干扰抑制体系的一部分，它们也被用于跨接双重绝缘或加强绝缘。Y 电容有 Y1、Y2、Y3 和 Y4 四种类型。Y1 电容被设计为与三相电网电源一起使用，其工作电压最大为交流 500V，耐压为交流 4000V；Y2 电容被设计为与单相电网电源一起使用，其工作电压最大为交流 300V，耐压为交流 1500V；Y3 电容与 Y2 电容相似，但是工作电压最大为交流 250V；Y4 电容被设计为与低压电网电源一起使用，其工作电压最大为交流 150V，耐压为交流 1000V。因为这些电容提供了到地或跨过隔离的泄漏路径，所以它们对于安全是至关重要的。因此，这些电容必须由被认可的测试机构按 IEC 60384-14 进行认证和监督，这些工作用于控制电容的制造过程。

符合 IEC 60384-14 的 Y 电容（仅是 Y1 或 Y2）被认为等效于一重对患者的防护措施。在两个电容串联使用时，它们应为相同的类型（两个电容都是 Y1 或者两个电容都是 Y2）而且应具有同样的标称电容值。电容或电容组应满足它们所用于的防护类型（即一重或两重对患者的防护措施）对应的电介质强度。在构成对患者的防护措施的隔离的跨接工作电压小于交流 42.4V 峰值或直流 60V 的地方，单个 Y1 电容可作为两重对患者的防护措施。

（2）电介质强度试验方法

应能承受表 3-1 规定的试验电压。按照表 3-1 规定的试验电压加载 1min，检验是否符合要求。

在相应潮湿预处理、断电，并完成要求的灭菌程序后和达到稳态运行温度后。

开始，应施加不超过规定试验电压一半的电压，然后应用 10s 时间将电压逐渐增加到规定值，并保持此值达 1min，之后应用 10s 时间将电压逐渐降至规定值的一半以下。

试验条件如下：

① 试验电压的波形和频率应使得绝缘体上受的电介质应力至少等于在正常使用时产生的电介质应力。当有关绝缘在正常使用中所承受的电压不是正弦交流时，试验可使用正弦 50Hz 或 60Hz 的试验电压，或者可使用相当于交流试验电压峰值的直流试验电压。试验电压应大于或等于加在绝缘上的工作电压所对应的表 3-1 中的规定值。

② 在试验过程中，击穿则构成失败。施加的试验电压导致电流不受控制地迅速增大，也就是说绝缘不能限制电流，此时，就发生了绝缘击穿。电晕放电或单个瞬时闪络不认为是绝缘击穿。

③ 如果不可能对单独的固态绝缘进行试验，则需要对 ME 设备的大部分甚至是整台 ME 设备进行试验。在这种情况下，注意不使不同类型和等级的绝缘承受过多的应力，并要考虑下列因素：

a. 当外壳或外壳的部分包含有非导电平面时，应使用金属箔。注意要适当放置金属箔，以免绝缘内衬边缘产生闪络。若有可能，移动金属箔以对表面的各个部位都进行试验。

b. 试验中绝缘两侧的电路都应各自被连接或短接，以使电路中的元器件在试验中不会受到应力。例如，网电源部分，信号输入/输出部分和患者连接（若适用）的接线端子，在试验时要各自短接。

c. 如有电容器跨接在绝缘两边（如射频滤波电容器），如果它们符合要求，可在试验中断开。

表 3-1 构成防护措施的固态绝缘的试验电压

峰值工作电压 (U)(峰值)/V	峰值工作电压 (U)(d.c.)/V	a.c. 试验电压(r.m.s.)/V							
		对操作者的防护措施				对患者的防护措施			
		网电源部分防护		次级电路防护		网电源部分防护		次级电路防护	
		一重 MOOP	两重 MOOP	一重 MOOP	两重 MOOP	一重 MOPP	两重 MOPP	一重 MOPP	两重 MOPP
$U<42.4$	$U<60$	1000	2000	无须试验	无须试验	1500	3000	500	1000
$42.4<U\leq71$	$60<U\leq71$	1000	2000	见表 3-2	见表 3-2	1500	3000	750	1500
$71<U\leq184$	$71<U\leq184$	1000	2000	见表 3-2	见表 3-2	1500	3000	1000	2000
$184<U\leq212$	$184<U\leq212$	1500	3000	见表 3-2	见表 3-2	1500	3000	1000	2000
$212<U\leq354$	$212<U\leq354$	1500	3000	见表 3-2	见表 3-2	1500	4000	1500	3000
$354<U\leq848$	$354<U\leq848$	见表 3-2	3000	见表 3-2	见表 3-2	$\sqrt{2}U+1000$	$2\times(\sqrt{2}U+1500)$	$\sqrt{2}U+1000$	$2\times(\sqrt{2}U+1500)$
$848<U\leq1414$	$848<U\leq1414$	见表 3-2	3000	见表 3-2	见表 3-2	$\sqrt{2}U+1000$	$2\times(\sqrt{2}U+1500)$	$\sqrt{2}U+1000$	$2\times(\sqrt{2}U+1500)$
$1414<U\leq10000$	$1414<U\leq10000$	见表 3-2	见表 3-2	见表 3-2	见表 3-2	$U/\sqrt{2}+2000$	$\sqrt{2}U+5000$	$U/\sqrt{2}+2000$	$\sqrt{2}U+5000$
$10000<U\leq14140$	$10000<U\leq14140$	1.06U	1.06U	1.06U	1.06U	$U/\sqrt{2}+2000$	$\sqrt{2}U+5000$	$U/\sqrt{2}+2000$	$\sqrt{2}U+5000$
$U>14140$	$U>14140$	如有必要,由专用标准规定							

表 3-2 对操作者的防护措施的试验电压

峰值工作电压(U) (峰值或 d.c.)/V	一重 MOOP (r.m.s.)/V	两重 MOOP (r.m.s.)/V	峰值工作电压(U) (峰值或 d.c.)/V	一重 MOOP (r.m.s.)/V	两重 MOOP (r.m.s.)/V
34	500	800	140	964	1542
35	507	811	145	980	1568
36	513	821	150	995	1593
38	526	842	152	1000	1600
40	539	863	155	1000	1617
42	551	882	160	1000	1641
44	564	902	165	1000	1664
46	575	920	170	1000	1688
48	587	939	175	1000	1711
50	598	957	180	1000	1733
52	609	974	184	1000	1751
54	620	991	185	1097	1755
56	630	1008	190	1111	1777
58	641	1025	200	1137	182
60	651	1041	210	1163	1861
62	661	1057	220	1189	1902
64	670	1073	230	1214	1942
66	680	1088	240	1238	1980
68	690	1103	250	1261	2018
70	699	1118	260	1285	2055
72	708	1133	270	1307	2092
74	717	1147	280	1330	2127
76	726	1162	290	1351	2162
78	735	1176	300	1373	2196
80	744	1190	310	1394	2230
85	765	1224	320	1414	2263
90	785	1257	330	1435	2296
95	805	1288	340	1455	2328
100	825	1319	250	1474	2359
105	844	1350	360	1494	2390
110	862	1379	380	1532	2451
115	880	1408	400	1569	2510
120	897	1436	420	1605	2567
125	915	1463	440	1640	2623
130	931	1490	460	1674	2678
135	948	1517	480	1707	2731

续表

峰值工作电压(U) (峰值或 d.c.)/V	一重 MOOP (r.m.s.)/V	两重 MOOP (r.m.s.)/V	峰值工作电压(U) (峰值或 d.c.)/V	一重 MOOP (r.m.s.)/V	两重 MOOP (r.m.s.)/V
500	1740	2784	1750	3257	3257
520	1772	2835	1800	3320	3320
540	1803	2885	1900	3444	3444
560	1834	2934	2000	3566	3566
580	1864	2982	2100	3685	3685
588	1875	3000	2200	3803	3803
600	1893	3000	2300	3920	3920
620	1922	3000	2400	4034	4034
640	1951	3000	2500	4147	4147
660	1979	3000	2600	4259	4259
680	2006	3000	2700	4369	4369
700	2034	3000	2800	4478	4478
720	2060	3000	2900	4586	4586
740	2087	3000	3000	4693	4693
760	2113	3000	3100	4798	4798
780	2138	3000	3200	4902	4902
800	2164	3000	3300	5006	5006
850	2225	3000	3400	5108	5108
900	2285	3000	3500	5209	5209
950	2343	3000	3600	5309	5309
1000	2399	3000	3800	5507	5507
1050	2454	3000	4000	5702	5702
1100	2508	3000	4200	5894	5894
1150	2560	3000	4400	6082	6082
1200	2611	3000	4600	6268	6268
1250	2661	3000	4800	6452	6452
1300	2710	3000	5000	6633	6633
1350	2758	3000	5200	6811	6811
1400	2805	3000	5400	6987	6987
1410	2814	3000	5600	7162	7162
1450	2868	3000	5800	7334	7334
1500	2934	3000	6000	7504	7504
1550	3000	3000	6200	7673	7673
1600	3065	3065	6400	7840	7840
1650	3130	3130	6600	8005	8005
1700	3194	3194	6800	8168	8168

续表

峰值工作电压(U)（峰值或 d.c.）/V	一重 MOOP（r.m.s.）/V	两重 MOOP（r.m.s.）/V	峰值工作电压(U)（峰值或 d.c.）/V	一重 MOOP（r.m.s.）/V	两重 MOOP（r.m.s.）/V
7000	8330	8330	8600	9577	9577
7200	8491	8491	8800	9727	9727
7400	8650	8650	9000	9876	9876
7600	8807	8807	9200	10024	10024
7800	8964	8964	9400	10171	10171
8000	9119	9119	9600	10317	10317
8200	9273	9273	9800	10463	10463
8400	9425	9425	10000	10607	10607

表 3-3　提供对患者的防护措施的最小爬电距离和电气间隙

工作电压(d.c.)/V ≤	工作电压(r.m.s.)/V ≤	一重对患者的防护措施的间隙		两重对患者的防护措施的间隙	
		爬电距离/mm	电气间隙/mm	爬电距离/mm	电气间隙/mm
17	12	1.7	0.8	3.4	1.6
43	30	2	1	4	2
85	60	2.3	1.2	4.6	2.4
177	125	3	1.6	6	3.2
354	250	4	2.5	8	5
566	400	6	3.5	12	7
707	500	8	4.5	16	9
934	660	10.5	6	21	12
1061	750	12	6.5	24	13
1414	1000	16	9	32	18
1768	1250	20	11.4	40	22.8
2263	1600	25	14.3	50	28.6
2828	2000	32	18.3	64	36.6
3535	2500	40	22.9	80	45.8
4525	3200	50	28.6	100	57.2
5656	4000	63	36	126	72
7070	5000	80	45.7	160	91.4
8909	6300	100	57.1	200	114.2
11312	8000	125	71.4	250	142.8
14140	10000	160	91.4	320	182.8

注：如果最小的爬电距离小于最小的电气间隙，那么最小电气间隙值应作为最小爬电距离。

（3）绝缘路径图例

有几种方法都可以提供两重防护措施，下面是例子：

① 患者连接和其他可触及部分与不同于地电位的部分之间仅用基本绝缘隔离，但保

护接地，且对地有一个低的内阻抗以使正常状态和单一故障状态时的漏电流不超过容许值。

② 患者连接和其他可触及部分与不同于地电位的部分之间用基本绝缘和已保护接地的中间金属部分隔离，后者可能是一个全封闭的金属屏蔽。

③ 患者连接和其他可触及部分与不同于地电位的部分之间用双重绝缘或加强绝缘隔离。

④ 元器件的阻抗防止超过容许值的漏电流和患者辅助电流流向患者连接和其他可触及部分。

绝缘路径的检查见图 3-2～图 3-8。图 3-2～图 3-8 中，工作电压为最大网电源电压。

基本绝缘（Basic Insulation）：对于电击提供基本防护的绝缘。注：基本绝缘提供一重防护措施。

双重绝缘（Double Insulation）：由基本绝缘和辅助绝缘组成的绝缘。注：双重绝缘提供两重防护措施。

加强绝缘（Reinforced Insulation）：提供两重防护措施的单一绝缘系统。

空气可构成基本绝缘或辅助绝缘的部分或全部。一般情况下双重绝缘优于加强绝缘。

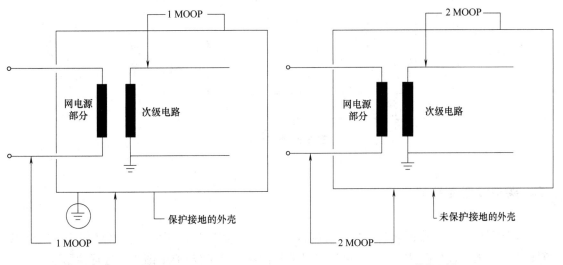

图 3-2　绝缘示例 1　　　　　　　　　　　　　图 3-3　绝缘示例 2

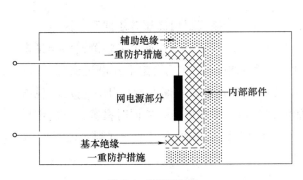

图 3-4　绝缘示例 3

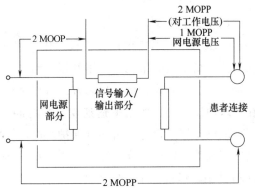

图 3-5　绝缘示例 4

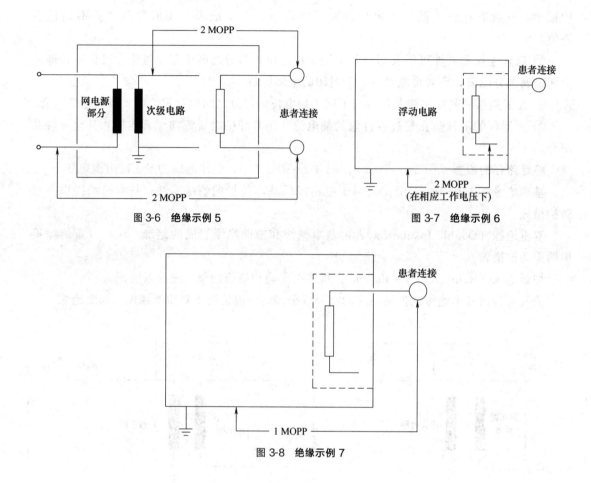

图 3-6　绝缘示例 5　　　　　　　　　　　　图 3-7　绝缘示例 6

图 3-8　绝缘示例 7

二、实验设备与器材

　　本次实验分别采用南京长盛仪器有限公司的 CS2670Y 型数字耐压试验仪和上海安标电子有限公司的 ZHZ8B 型医用耐压测试仪对被测仪器（监护仪/心电图机）进行检测。

1. CS2670Y 型数字耐压试验仪

（1）工作原理

　　CS2670Y 型数字耐压试验仪工作原理如图 3-9 所示。该仪器由高压升压回路、漏电流检测回路、指示仪表组成。高压升压回路能调整输出需要的试验电压；漏电流检测回路能设定击穿（保护）电流；指示仪表直接读出试验电压值和漏电流值（或设定击穿电流值）。样品在要求的试验电压作用下达到规定的时间时，仪器自动或被动切断实验电压；一旦出现击穿，漏电流超过设定的击穿（保护）电流，能够自动切断输出电压，并同时报警，以确定样品能否承受规定的绝缘强度试验。电弧（闪络）侦测电路输出两路信号分别到示波器的 X 轴和 Y 轴，形成一个稳定的"李沙育图形（即一个闭合的圆环或椭圆环）"，若被测电气设备发生"闪络"现象，则李沙育图形的边缘会出现较大的"毛刺"。

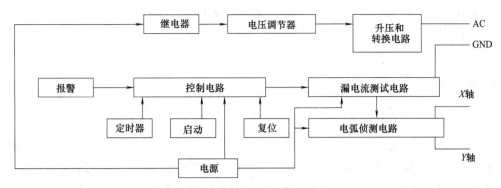

图 3-9　CS2670Y 型数字耐压试验仪工作原理

（2）功能键说明和设定

图 3-10 所示是 CS2670Y 型数字耐压试验仪前面板示意图，其功能键的说明和设定方法如下。

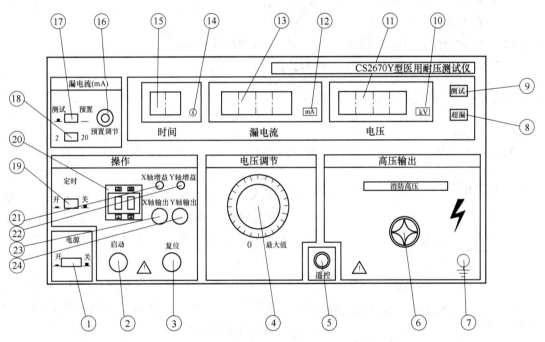

图 3-10　CS2670Y 型数字耐压试验仪前面板示意图

① 电源开关。

② 启动钮：按下时，测试灯亮，此时仪器处于工作状态。

③ 复位钮：按下时，测试灯灭，此时仪器无高压输出。

④ 电压调节钮：调节输出电压的大小，逆时针为小，反之为大。

⑤ 遥控插座。

⑥ 高压输出端。

⑦ 接地柱。

⑧ 超漏灯：该灯亮，表示被测物击穿超漏为不合格。

⑨ 测试灯：该灯亮，表示高压已启动，灯灭则高压断开。

⑩ 电压单位指示符。

⑪ 电压显示：0～5kV。

⑫ 漏电流单位指示符。

⑬ 漏电流显示：0.3～20mA。

⑭ 测试时间单位指示符。

⑮ 时间显示：1～99s。

⑯ 漏电流预置电位器：按下测试/预置按钮后，可设定 0.3～20mA 漏电流任意报警值。

⑰ 测试/预置按钮：按下为预置状态，可设定漏电流报警值，弹出为测试状态。

⑱ 漏电流范围挡：2mA/20mA 挡。

⑲ 定时开关："开"时，为 1～99s 内任意设定；"关"时，为手动。

⑳ 时间设定拨盘：可设定所需测试时间值。

㉑ X 轴增益：供调节李沙育图形 X 轴增益用。

㉒ Y 轴增益：供调节李沙育图形 Y 轴增益用。

㉓ X 轴输出插座（BNC 插座）：接示波器 X 轴输入插座。

㉔ Y 轴输出插座（BNC 插座）：接示波器 Y 轴输入插座。

2. ZHZ8B 型医用耐压测试仪

（1）工作原理

ZHZ8B 型医用耐压测试仪工作原理如图 3-11 所示。该仪器由高压部分和控制部分组成。控制部分由电源部分、逻辑电路、过电流检测及定时部分组成；高压控制部分由电压自动上升控制部分组成。仪器输出交流高压施加在被测物上，在被测物回路中形成一个电流 I_0；在采样电阻 R 两端产生一个电压 U_0，U_0 的大小与 I_0 成正比，当 I_0 超过设定报警电流值时，仪器马上发出声光报警，并立即切断高压输出。

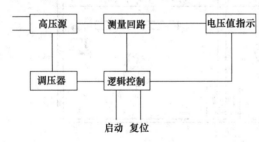

图 3-11　ZHZ8B 型医用耐压测试仪工作原理

（2）功能键

图 3-12 所示是 ZHZ8B 型医用耐压测试仪前面板示意图。

三、实验内容与步骤

1. 使用注意事项

① 工作测试台：操作台周围必须铺设高压绝缘橡皮，操作时必须戴好橡胶绝缘手套，座椅和脚下垫好橡胶绝缘垫，操作人员和待测物之间不得使用任何导电材料。操作人员的位置不得有跨越待测物去操作或调整耐压测试仪的现象。

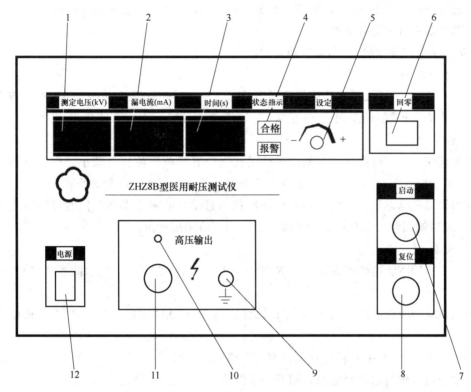

图 3-12   ZHZ8B 型医用耐压测试仪前面板示意图

1—测试电压显示；2—泄漏电流显示；3—测试时间显示；4—状态指示灯；5—设定按钮；6—回零指示灯；

7—启动按钮；8—复位按钮；9—接地端；10—高压指示灯；11—高压输出端；12—电源开关

② 操作人员：操作人员由于错误的操作误触电时，耐压测试仪所输出的电压和电流足以造成人员伤亡，因此一定要熟悉该测试仪的操作程序方可使用。操作人员不可穿有金属装饰的衣服或佩戴金属饰物，如手表等。耐压测试仪绝对不能由有心脏病或佩戴心脏起搏器的人员操作。

③ 非工作人员远离高压测试区，测试工作区及其周围的空气不能含有可燃气体，禁止在易燃物的旁边使用耐压测试仪，以免引起爆炸和火灾。

④ 连接被测物体时确定电压表指示为 "0"，测试灯熄灭时将高压输出端与被测仪器电源输入端相连，并将耐压仪地线与被测仪器地线连接好。

⑤ 测量过程中，测试灯亮，不能随意调整仪器的任何按钮、旋钮、插座等。在高压测试过程中绝对不能碰触测试物件或任何与待测物有连接的物件。

⑥ 只有在测试灯熄灭状态，无高压输出状态时，才能进行被试品连接或拆卸操作。

⑦ 变压器打高压时应注意：只能初级对次级、初级对地、次级对初级，不能对两个初级和两个次级打高压。

2. CS2670Y 型数字耐压试验仪测试操作步骤

（1）设定漏电流测试所需值

① 按下测试/预置按钮。

② 选择所需报警电流范围挡（2mA 或 20mA 挡，本次实验设置为 1mA）。

③ 调节漏电流预置电位器到所需报警值。

设定完毕后，弹出测试/预置按钮，使之处于测试状态。

（2）手动测试

① 检查测试/预置按钮，其应处于弹出状态。将定时开关调到"关"的位置。按下启动钮，测试灯亮。将漏电流预置电位器旋到需要的指示值。测试电压设置为 1.5kV、2.5kV、4kV。

② 测试完毕后，将电压调节到测试值的 1/2 位置后按复位钮（调小，但不能调为零），电压输出被切断，测试灯灭，此时被测物为合格。然后进行被试品拆卸操作。

③ 如果被测物体超过规定漏电流值，则仪器自动切断输出电压，同时蜂鸣器报警、超漏灯亮，此时被测物为不合格。按下复位键，即可清除报警声。

（3）电弧（闪络）侦测

① 用 BNC-BNC 连接线将耐压仪 X 轴输出插座（BNC 插座）与示波器 X 轴输入插座连接。

② 用 BNC-BNC 连接线将耐压仪 Y 轴输出插座（BNC 插座）与示波器 Y 轴输入插座连接。

③ 将示波器 X 轴和 Y 轴分别设置为 2V/格、20V/格。

④ 接通耐压仪与示波器电源，调节好示波器。

⑤ 分别调节耐压仪 X 轴增益和 Y 轴增益及示波器 X 轴和 Y 轴，使得示波器显示一个平滑且稳定的圆环（或椭圆环），即李沙育图形。在测试过程中，李沙育图形（圆环或椭圆环）仍保持平滑和稳定，则被测电气设备没有"闪络"和"拉弧"现象，如图 3-13 所示；如李沙育图形边缘（圆环或椭圆环）产生毛刺或抖动，则被测电气设备有"闪络"（轻度拉弧）和"拉弧"现象，如图 3-14 和图 3-15 所示。

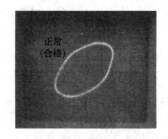

图 3-13 正常李沙育图形

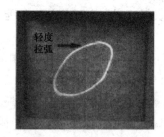

图 3-14 轻度拉弧的正常李沙育图形

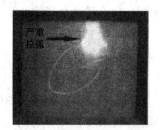

图 3-15 严重拉弧的正常李沙育图形

3. ZHZ8B 型医用耐压测试仪测试操作步骤

① 开机 接通电源，打开电源开关，电源指示灯亮，这时回零指示灯亮，电压示数应为"0"；如回零指示灯不亮，请等待，等仪器自动回零。

② 报警电流设置 按一下设定按钮，仪器进入报警电流设置状态，显示"I--"以及报警电流值；顺时针旋转设定按钮，数值按个位增加，逆时针旋转则按个位减小；同时按下复位按钮并旋转设定按钮，数值十位改变；同时按下启动按钮并旋转设定按钮，数值百

位改变。

③ 测试时间设置　第二次按下设定按钮，仪器进入测试时间设置状态，显示"t--"及测试时间。测试时间设置方法同报警电流设置。

④ 测试电压设置　第三次按下设定按钮，仪器进入测试电压设置状态，显示"U--"及测试电压。测试电压设置方法同报警电流设置，测试电压可设置为 1.5kV、2.5kV、4kV。

⑤ 升压方式设置　第四次按下设定按钮，仪器进入升压方式设置状态，显示"A--"及升压方式。"on"代表升压方式为自动升压，此模式下，仪器启动后，电压自动升至预定的电压；"off"代表升压方式为手动升压，此模式下，仪器启动后需要通过调节设定按钮来进行升压，顺时针旋转设定按钮时电压上升，反之电压下降。

⑥ 半电压功能设置　第五次按下设定按钮，仪器进入半电压功能设置状态，显示"H--"及半电压功能选择。"on"代表半电压方式，"off"代表非半电压方式。半电压方式下，仪器在测试合格后，并不马上切断高压，而是在电压回到设定值一半以下后切断，当测试品不合格时，则直接切断电压。

⑦ 连接测试电极和被测品，将高压测试棒一端插入仪器面板的高压输出端，接地端插入仪器面板的接地端，并旋紧接头。测试棒另一端与被测物测试高压端与接地端分别连接。

⑧ 检查上述程序，无误后，按下启动按钮开始测试；电压上升至测试值后，时间倒数计时；被测品合格时，时间到，"合格"灯亮；若被测品不合格，被击穿的同时，"报警"灯亮并发出蜂鸣报警，此时电压切断并回零。

⑨ 无论测试结果是否合格，都应等仪器调压回零，回零指示灯亮，电压示数为零后方可拆除测试连接导线。

四、实验报告

1. CS2670Y 型数字耐压试验仪耐压测试数据。

被测仪器	测试电压值/V	设定击穿电流值/mA	漏电流值/mA	测试结论 是否有发生闪络或击穿
心电图机				
监护仪				

2. ZHZ8B 型医用耐压测试仪耐压测试数据。

被测仪器	测试电压值/V	设定击穿电流值/mA	漏电流值/mA	测试结论
心电图机				
监护仪				

实验四
手术室电气安全和等电位检测

一、实验理论与基础

1. 等电位联结安全技术

等电位联结对用电安全、防雷以及电子信息设备的正常工作和安全使用，都是十分必要的。

等电位联结分为：总等电位联结（MEB）和局部等电位联结（LEB）。国家建筑标准设计图集《等电位联结安装》（15D502）对建筑物等电位联结的具体做法作了详细介绍。

总等电位联结的具体做法是，通过每一进线配电箱近旁的总等电位联结母排将下列导电部分互相连通：进线配电箱的 PE（PEN）母排，公用设施的上下水、热力、煤气等金属管道，建筑物金属结构和接地引出线。它的作用在于降低建筑物内间接接触电压和不同金属部件间的电位差，并消除自建筑物外经电气线路和各种金属管道引入的危险故障电压的危害。

局部等电位联结的具体做法是，在一局部范围内，通过局部等电位联结端子板将下列部分用 6mm^2 黄绿双色塑料铜芯线互相连通：柱内墙面侧钢筋、壁内和楼板中的钢筋网、金属结构件、公用设施的金属管道、用电设备外壳（可不包括地漏、扶手、浴巾架、肥皂盒等孤立小物件）等。一般是在浴室、游泳池、喷水池、医院手术室、农牧场等场所采用。要求等电位联结端子板与等电位联结范围内的金属管道等金属末端之间的电阻不超过 3Ω。

2. 手术室的局部等电位联结

在医院患者环境中，当有接地电流流过时，如果产生的接触电位和人体的电位相等，电流就不通过人体。因此，须将仪器周围的所有导电部分和仪器外壳用低电阻线连接在一起。人体即使接触到仪器，因和外壳之间不存在太大的电位差，所以能够防止电击事故。为了得到等电位用的导线称为等电位化导线或等电位接地线。平常在测量仪器的周围环境中有很多金属物，如金属水管、煤气管、金属电线管、建筑物的钢筋和金属窗框等。在手术室中，有许多医用电气设备采取以下方法进行等电位联结。手术室的局部等电位联结如图 4-1 所示。

手术室局部等电位联结的做法是：在手术室局部范围内，通过 LEB 端子板将手术室中的无影灯控制箱、手术台控制箱、水管、氧气管、ELV 手术灯、手术台等所有医用电气设备用 $6mm^2$ 黄绿双色塑料铜芯线互相连通，做局部等电位联结。

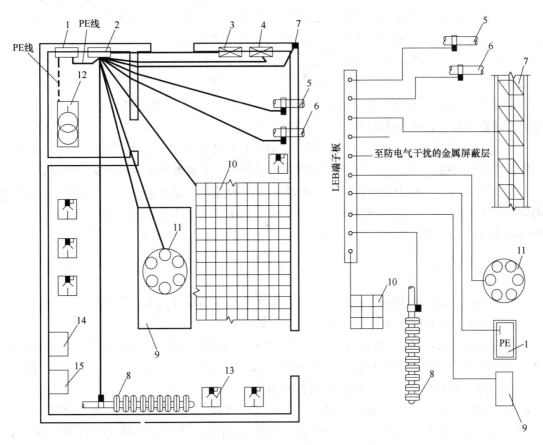

图 4-1　手术室的局部等电位联结

1—分配电盘；2—LEB 端子板；3—无影灯控制箱；4—手术台控制箱；5—水管；6—氧气管；

7—建筑物钢筋；8—采暖管；9—手术台；10—导电地板的金属网格；11—ELV 手术灯；

12—隔离变压器；13—各类医用电气设备插座；14—冰箱；15—保温箱

3. 医用电气系统

医用电气系统（Medical Electrical System，ME）是由功能连接或使用多孔插座相互连接的若干设备构成的组合，组合中至少有一个是 ME 设备。

（1）ME 系统的通用要求

安装或后续改装后，ME 系统应不导致不可接受的风险。一个 ME 系统应提供：在患者环境内，达到符合本标准要求的 ME 设备同等安全水平；在患者环境外，达到符合其他安全标准（IEC 或 ISO 安全标准）要求的设备同等安全水平。已对 ME 系统中独立的设备进行的安全测试不应重复进行。

（2）隔离装置

当 ME 设备与 ME 系统中其他设备的部件或其他系统功能连接可能引起漏电流超过容

许值时，则应采用带有隔离装置的安全措施。隔离装置应满足在故障条件下出现在隔离装置上最高电压相适应的一重对操作者防护措施所要求的电介质强度、爬电距离和电气间隙。

（3）漏电流

① 接触电流。在正常状态下，在患者环境中来自 ME 系统部件或部件之间的接触电流应不超过 100mA。在中断非永久性安装的保护接地导线的情况下，在患者环境中来自 ME 系统部件或部件之间的接触电流应不超过 500mA。设备可触及外表面的漏电流也认为是接触电流。

② 多孔插座的对地漏电流。如果 ME 系统或 ME 系统的部件通过多孔插座提供电源，则多孔插座的保护接地导线中的电流应不超过 5mA。

③ 患者漏电流。在正常状态下，ME 系统的患者漏电流和总的患者漏电流应不超过对 ME 设备的规定值，规定值在表 1-1 和表 1-2 中给出。总的患者漏电流可在安装时测量。

④ ME 系统中的保护接地连接。网电源插头中的保护接地脚与任意保护接地部分之间的阻抗应不超过 200mΩ。保护接地连接应做成当 ME 系统中任意一台设备移去时，不会中断 ME 系统中任何其他部分的保护接地，除非同时切断该部分的供电。

4. 患者连接

患者连接（Patient Connection）是应用部分中的独立部分，在正常状态和单一故障状态下，电流能通过它在患者与 ME 设备之间流动。

患者连接的危险之一是漏电流可以通过患者连接流经患者。不管是正常条件还是各种故障条件下，对这些电流都设定了特定的限值。通过患者在不同的患者连接之间形成的电流称为患者辅助电流，通过患者到地形成的电流称为患者漏电流。定义患者连接的目的是明确每个单独的应用部分之间形成的患者辅助电流，以及通过接地患者形成的患者漏电流。在某些场合下，会通过测量患者漏电流和患者辅助电流确定作为单个患者连接的应用部分。

患者连接并不总是可触及的。应用部分任何的导体部分，包括与患者直接的电气接触，或是不依照本部分相关的电介质强度测试或电气间隙和爬电距离要求的绝缘或空气间隔，都可作为患者连接。

例如：

——支撑患者的台面是一个应用部分。垫片不能提供足够的绝缘，那么台面的导电部分被定义为患者连接。

——注射控制器的针或管理组件是一个应用部分，通过不充分绝缘与液体容器（可能导电）隔离的控制器的导电部分被认为是患者连接。

如果应用部分具有一个绝缘材料组成的表面，采用金属薄片或盐溶液进行测试，这也被认为是患者连接。

5. 患者环境

患者环境（Patient Environment）是患者与 ME 设备或 ME 系统中部件，或患者与触及 ME 设备或 ME 系统中部件的其他人之间可能发生有意或无意接触的任何空间。

　　在安全标准中，原则上要求离患者 2.5m 以内的范围要取得等电位化。确定 2.5m 距离的依据是，当患者伸手时，或者借助其他人所能接触的范围。将这个范围称为患者环境，如图 4-2 所示。在患者环境中，将金属物（如金属物窗户、水管等除仪器外的裸露金属）和仪器外壳连接后再接地就成为等电位化方式。当和等电位接地线连接有困难或禁止连接的情况下，可用充分厚的绝缘物覆盖在金属表面上，防止人体和它接触。

　　等电位接地的目的主要是防止裸露导电性部分之间的电位差，经医务人员间接地连接到病人，造成电击电流流过心脏的危险。IEC 规定，等电位联结的端子板与插座的保护线端子或任一装置外导电部分间的连接线的电阻，包括连接点的电阻，不应大于 0.2Ω。对于装有局部医疗用 IT 系统供电的安装高度不超过 2.5m 的电气设备，当正常工作时或第一次接地故障时，装置外导电部分、插座接地端子和等电位联结端子板间的电位差不超过 20mV。

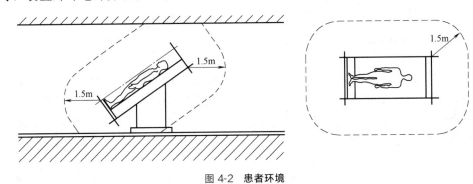

图 4-2　患者环境

注：图中所示，在不受约束条件下患者环境的最小范围尺寸。

二、实验设备与器材

　　实验采用龙威仪器仪表有限公司生产的 TVT-322 毫伏表对患者环境中可能存在的电气设备进行等电位检测；采用南京长盛仪器有限公司生产的 CS5800 型接地电阻测试仪对等电位联结的端子板与插座的保护线端子或任一装置外导电部分间的连接线的电阻进行检测（CS5800 型接地电阻测试仪的使用详见实验二）。

1. TVT-322 毫伏表

（1）功能说明

　　TVT-322 毫伏表外形如图 4-3 所示。其为双通道毫伏表，对应两个指针，通道 1 的指针是黑色的，通道 2 的指针是红色的。两个通道都能用来测量电压。其具有交流 10Hz～1MHz 的频带宽；测量电压范围为 300μV～100V，共分 12 个量程，300μV 测量情况下有效灵敏度为 30μV；具有电压、分贝、毫瓦

图 4-3　TVT-322 毫伏表外形

分贝三种易于读数的刻度；电路上采用了高阻抗的缓行电路，使其具有 $10\text{M}\Omega$ 的输入阻抗。

TVT-322 毫伏表通过仪器后面板上的滑动开关，可使两个通道的公共线直接与机壳相连接，也可使两个通道的公共线相互隔离，并和机壳也隔离，能方便地测量两个独立的交流电压。

（2）安全操作步骤

① 机壳接地端　在电源插头插入插座之前，先将机壳接地端（在后面板）接地。

② 最大输入电压　任何大于规定值的电压都不应该输入，否则仪器就会损坏。规定的电压值是指输入信号的交流峰值与叠加在其上的直流电压值之和，现规定为 300V。

③ 连接导线　当被测信号电平较低（即 $300\mu\text{V}$）或者被测信号源阻抗较高时，输入线就会感应到外部噪声而引入误差。为了防止噪声，应该使用屏蔽线或者同轴电缆，并使线的长度尽可能短一点。

2. 手术室环境及常用仪器

手术室是外科诊治和抢救病人的重要场所，是医院的重要技术部门。高效安全的手术室环境必须有空气净化系统、设备带及气体插座、LEB 端子板、设备吊塔、手术床、无影灯、器械车、麻醉机、监护仪、高频电刀、人工心肺机、注射控制器（注射泵）等各种先进的仪器设备，必须保证手术在高效安全的环境中能有效地工作运行。手术室环境如图 4-4 所示。

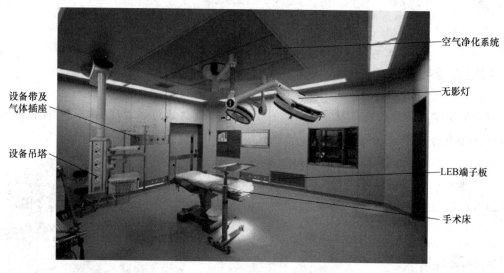

图 4-4　手术室环境

（1）空气净化系统

手术室空气净化系统将室外空气经过高效过滤器过滤，使其达到近于无菌无尘的状态，由通风机送入手术间，同时将污浊空气吹出。层流净化手术室的级别划分：根据每立方米中粒径大于或等于 $0.5\mu\text{m}$ 的空气灰尘粒子的数量，洁净手术室可分为 100 级、1000 级、10000 级、100000 级四种。数字越高，净化级别越低。

无菌手术通道是工作人员、病人、洁净物品的供应通道，为洁净流线。非洁净处置通道是术后手术器械、敷料、垃圾等污物的出口，为污物流线。手术室管理应尽量做到人员物品的隔离分流，以保证洁净手术区的空气洁净度，避免交叉感染。手术室环境设计主要包括空气净化对流设计、物体表面设计、工作人员的手消毒控制、无菌物品监测及化学消毒液监测、高压锅监测、预防手术室感染等环节。

（2）设备带及气体插座

设备带操作应用主要包括中心供氧、中心负压吸引、供电、呼叫应答四个方面。设备带中装有各种快速插拔式密封气体插座（图 4-5），这些气体插座符合 CE 和 ISO 气体标准，特点为：①待机位与防误插拔功能；②能带气维修；③正压气体插头有止回阀，负压气体插头具有过滤网；④麻醉气体插座为正压驱动（文丘里原理）方式，非负压吸引；⑤各种气体插座具有不同标识、颜色、形状；⑥可连续插拔 20000 次以上。进行相关操作时，需动作轻柔，严禁对设备带接头违规操作。

图 4-5　快速插拔式密封气体插座

（3）LEB 端子板

手术室中的 LEB 端子板如图 4-6 所示，用于保证患者环境中的等电位接地。

（4）设备吊塔

医用吊塔系统用于医院手术室、麻醉科、ICU 等重要科室，起承载医用设备、提供管线接口及气体插口的作用。其基本结构由医用气体终端电源、网络终端和通信呼叫设备等部分组成。吊塔基本操作：升降、旋转、移动。操作时应先观察吊塔臂可旋转角度、移动距离和升降范围，确保正确操作。设备吊塔内部管线复杂，内臂包含可随吊塔移动的电缆接线、各种气体管道。

图 4-6　LEB 端子板

（5）无影灯

手术用的无影灯将发光强度很大的灯在灯盘上排列成圆形，合成一个大面积的光源。这样，就能从不同角度将光线照射到手术台上，既保证手术视野有足够的亮度，同时又不会产生明显的本影。无影灯一般会和手术室吊塔、显示器和摄像设备组合在一起。图 4-7 所示为德尔格手术室吊塔、无影灯示意图。

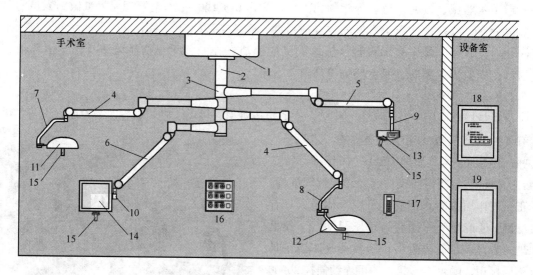

图 4-7　德尔格手术室吊塔、无影灯示意图

1—天花盖板；2—下支管；3—带 4 个伸展臂的旋臂；4—灯用弹簧臂；5—摄像机用弹簧臂；6—监视器用弹簧臂；

7—单万向接头；8—双万向接头；9—摄像机用万向接头；10—监视器适配器；11—Sola 500 灯头；

12—Sola 700 灯头；13—Sola 外部摄像机（可选）；14—监视器（可选）；15—可消毒可更换的中央手柄；

16—壁式安装控件（可选）；17—扩展基座（Sola 外部摄像机遥控器及充电器）；18—带有 LED 状态

指示灯的电池盒（每灯 1 个）（可选）；19—用于最多 3 个外部电源连接组件的控件箱（可选）

（6）手术床

综合手术床可以满足医院各科不同手术的需要，供医疗单位作胸外科、腹外科、脑外科、骨科、眼科、妇产科、耳鼻喉科、泌尿科等施行手术用的设备，属于手术室（包括急救室、诊疗室）设备类。手术床采用电动控制方式，通过微型触摸开关控制器灵活控制多节式台面的各种动作，以满足各种手术过程中体位变换的需要。

（7）手术室常用医疗仪器

① 麻醉机　麻醉机（持续气流吸入式麻醉机）是麻醉常用的重要工具，其功能是在手术中向病人提供氧气、麻醉药及进行呼吸管理。麻醉机是一种能将麻醉和非麻醉性气体提供给病人所使用的设备。

② 监护仪　手术中监护仪时刻监测患者的生命体征，对各种生理参数进行分析，在病人的生理机能参数超出某一数值时发出警报，提醒医护人员进行抢救，是手术室里不可缺少的重要设备。

③ 高频电刀　高频电刀主要应用于普通外科、神经外科、显微外科、胸外科、骨科、妇科、泌尿科、五官科、整形外科等各种外科手术和内窥镜手术。

④ 人工心肺机　人工心肺机又称为体外循环装置，主要用于心脏直视手术时，替代心脏和肺的功能。心脏的主动脉、腔静脉与体外装置基本上形成了一个封闭的循环回路。

⑤ 注射控制器（注射泵）　注射控制器（注射泵）是医院的常规使用设备，应用于临床各科室，也常用于手术室中患者静脉输液。该机采用单片机控制，其微量、均衡、精确等特性是常规方法无法达到的，其中机内还设有多种可靠的报警功能，以确患者的使用安全。

三、实验内容与步骤

1. TVT-322 毫伏表的使用步骤

　① 将电源开关置于关闭状态。

　② 检查表针的机械零点位置，如果有偏移，用一螺钉旋具调节在前面板表头中间的零点调节螺钉。

　③ 将电源插头插入交流电源插座。

　④ 将量程选择开关调至最大挡（100V），并打开电源开关。

　⑤ 将被测负载用连接电缆接到毫伏表的"输入"端。

　⑥ 将量程选择开关调节到合适的量程，使读数至少应在刻度的三分之一以上的位置。

2. 手术室的局部等电位联结测试

　① 模拟手术室中等电位联结的端子板之间的电压差。

　② 模拟手术室中等电位联结的端子板与插座的保护线端子之间的电压差。

　③ 模拟手术室中等电位联结的端子板与任一装置外导电部分之间的电压差。

3. 等电位连接线的电阻检测

　① 模拟手术室中等电位联结的端子板之间连接线的电阻。

　② 模拟手术室中等电位联结的端子板与插座的保护线端子之间连接线的电阻。

　③ 模拟手术室中等电位联结的端子板与任一装置外导电部分间连接线的电阻。

四、实验报告

1. 确定患者环境中可能存在的电气设备。

编号	设备名称	设备所在位置范围描述	电气安全注意事项

2. 手术室的局部等电位联结测试。

名称	名称	连接线的电阻
等电位联结的端子板 1	等电位联结的端子板 2	
等电位联结的端子板 1	等电位联结的端子板 3	
等电位联结的端子板 1	插座的保护线端子 1	
等电位联结的端子板 2	插座的保护线端子 1	
等电位联结的端子板 1	××装置外导电部分	
等电位联结的端子板 2	××装置外导电部分	

3. 等电位联结的端子板与插座的保护线端子或任一装置外导电部分间的连接线的电阻检测。

名称	名称	电压差
等电位联结的端子板 1	等电位联结的端子板 2	
等电位联结的端子板 1	等电位联结的端子板 3	
等电位联结的端子板 1	插座的保护线端子 1	
等电位联结的端子板 2	插座的保护线端子 1	
等电位联结的端子板 1	××装置外导电部分	
等电位联结的端子板 2	××装置外导电部分	

第二篇

医用电气设备性能

检测

实验五
高频电刀结构分析及性能检测实验

一、实验理论与基础

高频电刀也称为高频手术器，是一种取代机械手术刀进行组织切割的电外科器械。它通过有效电极尖端产生的高频高压电流与肌体接触时对组织进行加热，实现对肌体组织的分离和凝固，从而起到切割和凝血的外科手术作用。

电流通过人体所产生的生理效应会随着频率的改变而改变。低频交流电通过人体组织产生热效应的同时，会对神经和肌肉造成刺激，导致肌肉的抽搐，当电流频率在 $10\sim100\,\mathrm{Hz}$ 范围内时，此刺激现象最甚；当电流频率达到 $100\,\mathrm{kHz}$ 以上时，神经效应明显减少；而当电流频率达到 $300\,\mathrm{kHz}$ 以上时，电流对神经和肌肉的刺激可以忽略不计。高频电刀的工作基准频率在 $300\,\mathrm{kHz}$ 以上，如此高的频率可以确保电流通过人体只产生所需利用的热效应，不会引起电击和肌肉刺激，从而保证手术的安全性。

1. 工作原理

高频电刀实际上是一个大功率的信号发生器，基准信号由函数发生器生成，经射频调制到 $3\,\mathrm{kHz}\sim5\,\mathrm{MHz}$ 后，再经功率放大器放大输出到电极。在临床使用时利用了高频电流的"集肤效应"现象。所谓"集肤效应"是指交流电通过导体时，各部分的电流密度不均匀，导体内部电流密度小，导体表面电流密度大。产生集肤效应的原因是由于感抗的作用，导体内部比表面具有更大的电感，因此对交流电的阻碍作用大，使得电流密集于导体表面。交流电的频率越高，集肤效应越显著，频率高到一定程度，可以认为电流完全从导体表面流过。高频手术器利用集肤效应使高频电流只沿着人体皮肤表面流动，而不会流过人体内脏器官。

高频电刀的电切原理在于作用电极的边缘犹如手术刀刀口，表面积非常小。当用它接触组织时，电流以极高的密度流向组织。组织呈电阻性，在电极边缘有限范围内的组织的温度迅速而强烈地上升，使该处组织中的细胞液蒸发得很快，达到组织被利索切开的目的，其和锋利的刀划开组织的效果一样。连续的无衰减正弦电流能产生非常好的切割作用。高频电刀的电凝原理在于通过封闭组织，从而阻止液体渗出或出血。热量都从施加电流的位置流入组织，在靠近电极的有限区域内，组织的温度上升到足以达到干燥的程度，或产生整个区域的表面凝结，但不出现切割。

高频电流所产生的电切和电凝作用，两者是密不可分的。对高频电流波形的改变可以增加电流的切割作用，从而减少凝固作用，同理也可增加凝固作用而减少切割作用。电刀的工作模式（不同的切割或电凝功能，常见的划分有纯切、混切、强力电凝、喷射电凝等）划分就是通过电流波形的改变人为地划分出电切或者电凝功能模式，如电凝要求输出电压具有较高的峰值系数（Crest Factor）和较短的作用周期（Duty Cycle）等。峰值系数是高频手术设备输出开路状态下测量的峰值电压除以有效值电压所得到的无量纲比值。

2. 工作模式

高频电刀有两种主要的工作模式：单极和双极。

（1）单极模式

高频电刀在单极状态时，工作电流途径如图 5-1 所示，由高频信号发生器、输出手柄线、刀头、病人极板及连线组成。工作时，高频电流的流经路线是高频信号发生器→手术电极刀→患者组织→病人电极板→返回高频信号发生器，形成一个闭合回路。将高频电流引到病人身上的电极称为"作用电极"。由于该电极的面积很小，无论电切和电凝，此电极与组织的接触面积相当小，故电流流过组织的电流密度很高，可根据实际需要调节输出功率、电流波形及电极和组织的接触程度来达到预期的效果。在这个工作方式中，另有一电极与病人接触，其作用仅是提供仪器输出电流回路。通常此电极面积很大，称为扩散电极（平板电极、无关电极或中性电极）。扩散电极在使用时，要求与病人有良好的接触。尽管通过病人的电流较大，但是扩散电极面积较大，单位面积上的电流密度较小，不会产生如同作用电极的治疗效果。扩散电极有软性电极和平板电极两种。一般来说，软性电极与皮肤表面的接触比较密切，接触面相对较大，因此效果比平板电极更好，较不容易引起皮肤烧灼。如图 5-2 所示是单极手控电极和扩散电极。

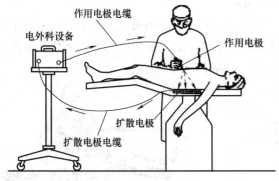

图 5-1　高频电刀的工作电流途径

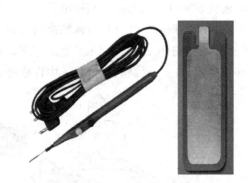

图 5-2　单极手控电极和扩散电极

（2）双极模式

在有些情况下，如在某一小部位上的手术，为了提高手术的有效性，常使用两个作用电极（无扩散电极）。这两个作用电极的面积都很小，电流密度比较高，在两个电极上都有治疗效果。这种电极形如镊子，常用于各种显微外科手术中，如神经外科、脑外科、眼科等，也常用于止血。如图 5-3 所示是双极电极（双极镊子）。

3. 高频漏电流测试要求

高频电刀如使用不当，会造成患者意外灼伤、烫伤，引起医患纠纷，甚至存在出现大事故的危险。由高频电刀引起的事故大致分为 4 类：烫伤事故、电击事故、干扰事故和爆炸事

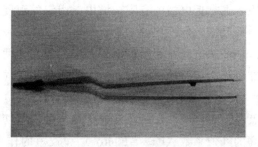

图 5-3　双极电极（双极镊子）

故。从事故的发生率和结果的严重性来说，烫伤事故发生的概率最高，后果也最为严重。因此，高频电刀的可靠性和安全性能直接关系到患者与使用者的生命安全，高频电刀的漏电流检测和功率检测显得尤为重要。国家也制定出相应的专用标准 GB 9706.4—2009《医用电气设备 第 2-2 部分：高频手术设备安全专用要求》，来规范高频电刀的漏电流和输出功率等要求，保证患者的安全。

（1）高频漏电流的产生机理

高频电刀按防电击类型分为 BF 型或 CF 型设备，这就要求设备的应用部分在低频时与地及设备的其他部分隔离，从而使设备的低频漏电流要求达到 GB 9706.1—2020 的要求。但是设备的应用部分在高频时就分为中性电极以地为基准及与地隔离两种情况，这两种情况的设备在使用时高频电流的回路是不同的。

对于单极应用，高频电流由手术电极经过目标组织，然后通过患者的身体回到中性电极，通过中性电极收集高频电流再安全地返回高频电刀，这是高频电刀的预期回路。但是对于中性电极以地为基准的高频手术设备，如果患者的身体（手和足）接触到其他接地点，或通过连接在患者身上的其他设备的应用部分，甚至通过接触的医护人员与地之间形成高频回路，高频电流就会通过更便捷的低电阻回路流动，从而产生分流，形成高频漏电流。如果在高频漏电流回路中，某一处的高频电流密度超过一定限值，就会造成患者身体的灼伤。中性电极高频时以地为基准的高频电流回路如图 5-4 所示。

对于高频时中性电极与地隔离的高频手术设备，若完全与地隔离，就不会有高频漏电流产生；但由于在高频时分布参数的存在，完全隔离是不可能的，高频电流可以从任何电缆及连接处耦合，产生高频漏电流。中性电极高频时与地隔离的高频电流回路如图 5-5 所示。

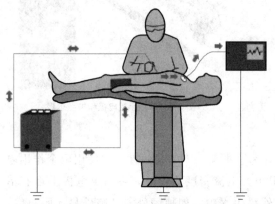

图 5-4　中性电极高频时以地为基准的高频电流回路

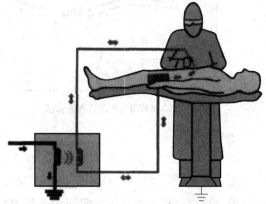

图 5-5　中性电极高频时与地隔离的高频电流回路

（2）高频漏电流的测量要求

GB 9706.4—2009《医用电气设备 第 2-2 部分：高频手术设备安全专用要求》指出：在配有中性电极及使用双极电极的高频手术设备中，有高频漏电流存在，即在手术电极和中性电极之间或在双极电极之间的预期电流回路中流动的电流是功能性电流，在其他回路中流动的高频电流就属于高频漏电流。

① 标准提供了两种漏电流测试方法，它们的区别仅仅是测试点不同。第一种方法测试时带手术电极等应用部分，测得高频漏电流不得超出 150mA。第二种方法直接从高频设备输出端口采用最短连接线直接连接测试设备，测得高频漏电流应不大于 100mA。标准规定，必须在高频手术设备每一个工作模式以最大输出设定运行下测试高频漏电流。

② 设备或设备部件的外部标记 高频电刀在高频时分为中性电极以地为基准及与地隔离两种情况，分别在高频手术设备和附属设备上连接中性电极引线的连接处加以标记。图5-6（a）所示为中性电极以地为基准的患者电路符号，图5-6（b）所示为中性电极与地隔离的患者电路符号。

③ 在 GB 9706.4—2009 中高频漏电流的要求

a. 测试时带手术电极等应用部分的高频漏电流。

• 中性电极在高频时以地为基准。

应用部分对地隔离，但中性电极在高频时通过符合 BF 型设备要求的元件（如电容）使其在高频下以地为基准，按实验 1 和实验 2 要求时，从中性电极流经 200Ω 无感电阻到地的高频漏电流不应超过 150mA。

(a)　　　(b)

图 5-6　输出端标记

实验 1：依次对带有如图 5-7 所示电极电缆和电极的高频手术设备的每一个输出进行实验。两电缆间隔为 0.5m，置于离接地导电平面上方 1m 的绝缘表面上。输出端带有 200Ω 负载，测量从中性电极经 200Ω 无感电阻流向地的高频漏电流。

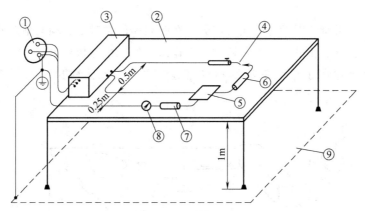

图 5-7　中性电极以地为基准、电极之间加载时测量高频漏电流

实验 2：高频手术设备如实验 1 布置，但 200Ω 负载电阻接在手术电极和高频手术设备的接地端子之间，如图 5-8 所示，测量从中性电极流出的高频漏电流。

• 中性电极在高频时与地隔离。

应用部分在高频和低频时都与地隔离，而且必须隔离到按下述要求进行实验时，从每个电极流经 200Ω 无感电阻到地的高频漏电流不应超过 150mA，如图 5-9 所示。

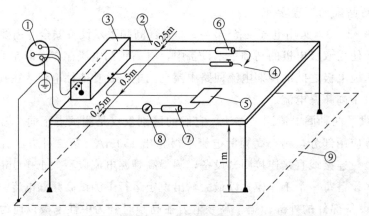

图 5-8　中性电极以地为基准、手术电极到地加载时测量高频漏电流

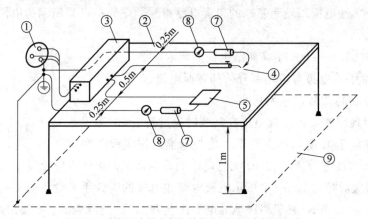

图 5-9　高频下中性电极与地绝缘时测量高频漏电流

• 双极应用。

任何为双极使用而特别设计的应用部分，在高频和低频时都必须与地及其他应用部分隔离。所有输出控制设定在最大位置，通过双极输出的每一个电极流经 200Ω 无感电阻到地的高频漏电流，在该电阻上产生的功率不得超过最大双极额定输出功率的 1%，如图 5-10所示。

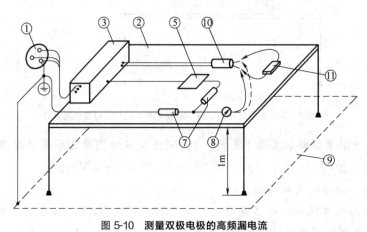

图 5-10　测量双极电极的高频漏电流

　　b. 直接在高频手术设备端口测量的高频漏电流。

　　当直接在高频手术设备端口测量高频漏电流时，限值改变为 100mA，而双极应用中 200Ω 无感电阻上双极额定输出功率的 1% 的限制不变，且不得超过 100mA。不带电极电缆，实验中用于将负载电阻、测试电阻和电流测量仪表连接到高频手术设备上去的引线要尽可能短。

　　图 5-7～图 5-12 的符号说明：

①——网电源；

②——绝缘材料制作的台板；

③——高频手术设备；

④——手术电极；

⑤——中性电极，金属或与同样尺寸的金属箔相接触；

⑥——负载电阻 200Ω；

⑦——测试电阻 200Ω；

⑧——高频电流表；

⑨——接地的导电平面；

⑩——启动的双极电极；

⑪——负载电阻，如要求，可带高频功率测量装置。

4. 输出功率测试要求

(1) 输出功率

　　额定输出功率是对置于最大输出设定的每一种高频手术模式，当可同时启动的所有手术输出端口连接额定负载时所产生的以"瓦"计的功率。

　　一般来说，高频电刀的输出功率在单极时不得超出 400W，双极时不得超出 50W，并且应尽可能稳定，即在电源电压波动和负载变化时，电刀输出功率应能保持在规定范围内，否则时而出现切凝效果不佳，时而又焦粘组织，甚至严重灼伤病员。输出功率应随设定的增加而增加，随设定的下降而下降，防止调节设定时产生不希望的功率变化而造成危险。切、凝同时启动时应禁止功率输出或只输出功率较小的模式，防止误操作引起过大功率送到患者身上。电刀在任何设定下可长时间开路启动，并可多次短路而不影响机器的性能和安全。电源复通或启动复通时，任何设定下的输出不得增大 20% 以上，防止过大功率突然加到患者身上。额定负载下的输出应与设定位置对应，功率偏差应小于等于 20%，不同负载下的全功率和半功率曲线与规定值偏差也应小于等于 20%。高频电刀用于手术中的任何危险均随功率的增大而增加，不要随意增大输出功率的限定值，以刚好保证手术效果为限。

(2) 输出功率的测量方法

　　在 GB 9706.4—2009 中输出功率准确性的要求如下：

　　① 对于每一个单极高频手术模式，高频手术设备应配备输出控制器，以使输出功率可降到额定输出功率的 5% 或 10W 以下，且输出控制器应具有刻度或合适的指示器，用来表示高频输出的相对强度。指示器不应标有"瓦（W）"。对于一些特定的负载电阻值，输出功

率不应随输出控制设定的下降而升高（参见图5-11）。

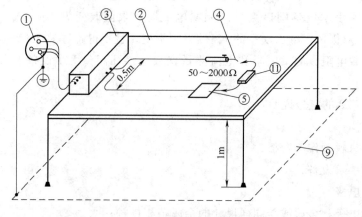

图 5-11　测量额定输出功率——单极输出

通过以下实验来检验是否符合要求：在包括 100Ω、200Ω、500Ω、1000Ω、2000Ω 和额定负载等至少 5 个特定负载电阻值上，测量作为输出控制设定函数的输出功率。应使用与高额手术设备一起提供的手术附件和中性电极，或者使用 3m 长绝缘导线来连接负载电阻。

② 对于每一个双极高频手术模式，高频手术设备还应配备一个输出控制器，以使输出功率降低到额定输出功率的 5% 或 10W 以下。对于一些特定的负载电阻值，输出功率不应随输出控制设定的降低而升高（参见图5-12）。

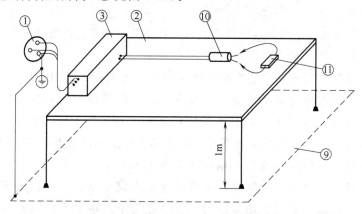

图 5-12　测量额定输出功率——双极输出

通过以下实验来检验是否符合要求：在包括 10Ω、50Ω、200Ω、500Ω、1000Ω 和额定负载等至少 5 个特定负载电阻值上，测量作为输出控制设定函数的输出功率。应使用与高频手术设备一起提供的双极电极电缆，或者使用额定电压大于等于 600V 的 3m 长双导体绝缘电缆来连接负载电阻。

③ 控制器件和仪表的准确度。

对于超出额定输出功率 10% 的输出功率，作为负载电阻和输出控制设定函数的实际输出功率与功率输出所规定的图示值偏差不应超出 $\pm 20\%$。

二、实验设备与器材

为了加深对 GB 9706.4—2009《医用电气设备 第 2-2 部分：高频手术设备安全专用要求》检测标准的认识，学会高频电刀的检测，本次实验采用美国 Metron 公司生产的 QA-ES 高频电刀分析仪对上海沪通电子有限公司生产的 GD350-B 型高频电刀进行检测。

1. GD350-B 型高频电刀

（1）基本结构及特点

上海沪通电子有限公司生产的 GD350-B 型高频电刀产生 512kHz 高频电流，用于医疗手术中对生物组织进行切割、凝血等。GD350-B 型高频电刀是单双极综合电刀，具有单极纯切、单级混切 1、单级混切 2、单级混切 3、单极点凝和双极凝工作模式。单极具有两个输出端口，一个供手控输出；另一个供脚控输出；双极使用脚踏开关控制输出。

GD350-B 设备分类：为带保护接地的网电源（单相）供电、非 AP 型、非 APG 型 I 类普通医用电气设备；应用部分为 CF 型防除颤型。

（2）基本功能

① 整机外形：整机外形见图 5-13。

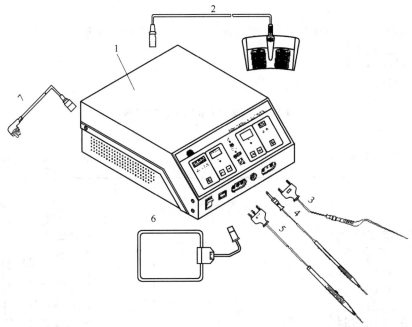

图 5-13　GD350-B 型高频电刀整机外形

1—主机；2—双联脚踏开关；3—双极镊子；4—脚控刀；5—手控刀；6—中性电极（极板）；7—电源电缆

② 前面板：GD350-B 型高频电刀前面板如图 5-14 所示。

③ 后面板：GD350-B 型高频电刀后面板如图 5-15 所示。

④ 仪器标记：仪器标记见表 5-1。

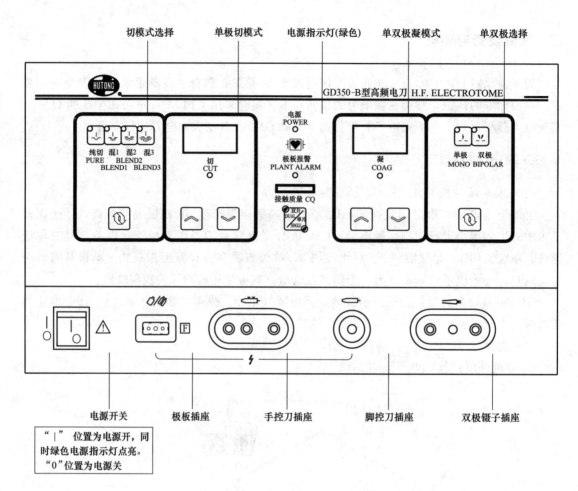

图 5-14　GD350-B 型高频电刀前面板

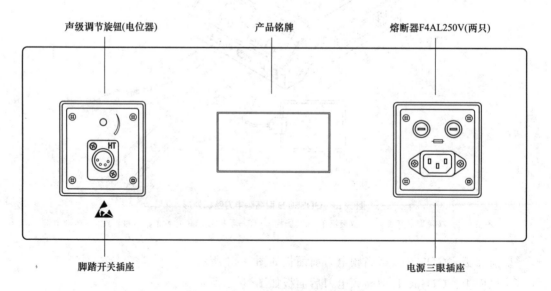

图 5-15　GD350-B 型高频电刀后面板

表 5-1　GD350-B 型高频电刀标记

标记	说明	标记	说明
"GD350-B"	本设备型号,"GD"为高频电刀汉语拼音字母头;"350"为沪通电刀系列代号;"B"为本电刀设计型号	 ⚠	应查阅随机文件中关于正确使用设备、防止高频灼伤等内容的符号
 ⚡	输出插座有危险电压(高频),且机内有危险电压部分的标记	 F	极板插座旁的该符号表示极板在高低频下均对地悬浮
 ((•))	非电离辐射标记	 (静电符号)	静电放电敏感性符号
 (极板图)	极板(中性电极)标记	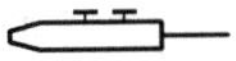 (手控刀图)	手控刀插座标记
 (脚控刀图)	脚控刀插座标记	 (镊子图)	双极镊子插座标记
 (纯切图)	纯切模式标记	 (混切1图)	混切 1 模式标记
 (混切2图)	混切 2 模式标记	 (混切3图)	混切 3 模式标记
 (循环图)	模式循环选择按键	 ♥	输出(应用部分)全悬浮,属CF型且具有对除颤放电效应的防护能力
 ∧	功率上升按键	 ∨	功率下降按键
 (单极图)	单极模式按键及标记	 (双极图)	双极模式按键及标记
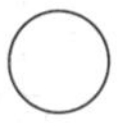 ○	极板故障提示灯(红);电源接通指示灯(绿);切工作灯(黄);凝工作灯(蓝)	 ⏚	保护接地点标记

⑤ 后面板上有铭牌,显示仪器主要特性参数,如图 5-16 所示。

图 5-16 仪器后面板上的铭牌

（3）输出参数

① GD350-B 型高频电刀工作频率、额定功率、额定负载、调制比、峰值系数（C_f）及最大输出峰值电压等参数如表 5-2 所示。

表 5-2 GD350-B 型高频电刀额定输出参数

工作模式		工作频率/kHz	额定功率/W	额定负载/Ω	调制比/%	峰值系数 C_f	最大输出峰值电压/V
单极	纯切	512	350	500	连续	1.4	1800
	混切 1	512	250	500	25	2.8	3000
	混切 2	512	200	500	18.75	3.3	3300
	混切 3	512	120	500	12.5	4.0	3000
	点凝	512	120	50	12.5	4.0	3000
双极凝		512	50	100	连续	1.4	250

② 功率曲线

a. 指示精度。各模式在额定负载下的输出功率与设定（显示）值偏差不超过 20％且不大于 400W，如图 5-17 所示。测试点：最大设定≥200，每 "50" 为一测试点；最大设定 100/120，每 "20" 为一测试点。图中以相对值 ［（输出功率÷额定功率）对（设定值÷最大设定值）］ 表示，斜虚线表示偏差范围。

b. 负载功率曲线。负载功率曲线是输出与负载关系曲线图，偏差≤20％（且≤400W）。图 5-18 所示为纯切模式下全功率和半功率输出负载功率曲线。

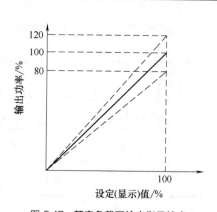

图 5-17 额定负载下输出指示精度

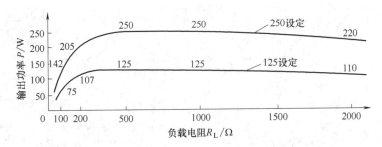

图 5-18　纯切模式下全功率和半功率输出负载功率曲线

（4）输出波形

在不同模式下的高频电刀输出波形如图 5-19 所示。

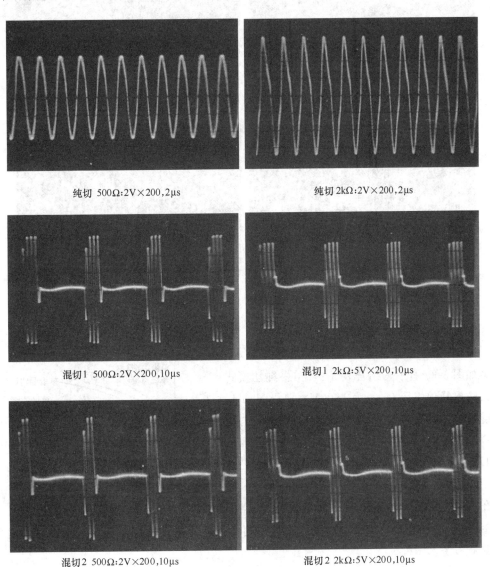

纯切　500Ω:2V×200,2μs　　　　　　　　纯切　2kΩ:2V×200,2μs

混切1　500Ω:2V×200,10μs　　　　　　　混切1　2kΩ:5V×200,10μs

混切2　500Ω:2V×200,10μs　　　　　　　混切2　2kΩ:5V×200,10μs

图 5-19

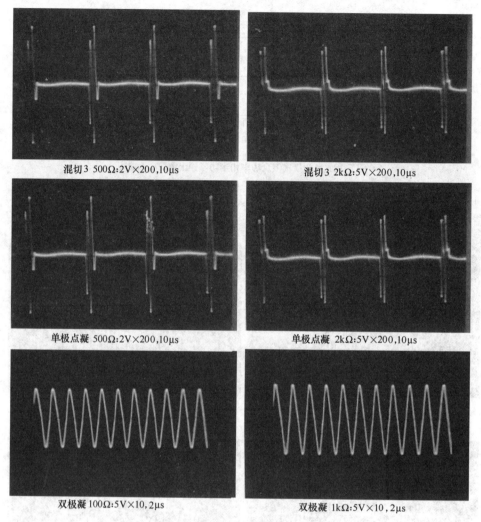

混切3 500Ω:2V×200,10μs

混切3 2kΩ:5V×200,10μs

单极点凝 500Ω:2V×200,10μs

单极点凝 2kΩ:5V×200,10μs

双极凝 100Ω:5V×10,2μs

双极凝 1kΩ:5V×10,2μs

图 5-19　各模式的高频电刀输出波形

（5）最大输出峰值电压

仪器最大输出峰值电压（U_p）与设定（N）的关系如图 5-20 所示，结合表 5-2：单极纯切模式的最大输出峰值电压 U_{max} 为 1800V，单极混切 1、单极混切 3、单极点凝模式的最大输出峰值电压 U_{max} 为 3000V，单极混切 2 模式的最大输出峰值电压 U_{max} 为 3300V，双极凝模式的最大输出峰值电压 U_{max} 为 250V。

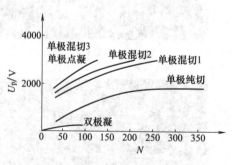

图 5-20　输出峰值电压与设定的关系

在 GB 9706.4—2009 标准中规定：

① 对于高频电刀单极或双极手术附件不得使用额定附件电压低于最大输出峰值电压的单极或双极手术附件。

本设备使用的附件：手控刀、脚控刀的额定附件电压均为 6000V，双极镊子的额定附件电压为 1000V，均大于对应模式的最大输出峰值电压。

② 单极手术附件必须能够耐受本设备各单极模式的实际电压和峰值系数的组合应力。

③ 在标准中规定对每一种高频手术模式的最大输出电压和额定附件电压的关系分为以下 2 种情况：

a. 在最大输出电压（U_{max}）≤1600V 的情况下，附属设备和手术附件宜选用的额定附件电压≥最大输出电压。

b. 在最大输出电压（U_{max}）＞1600V 的情况下，附属设备和手术附件宜选用的额定附件电压≥最大输出电压。用公式计算变量 $y = \dfrac{U_{max}-400V}{600V}$，取变量 y 中较小者。计算结果应大于该高频手术模式的峰值系数。

本单极纯切模式的最大输出峰值电压 U_{max} 为 1800V，相应变量 $y = \dfrac{U_{max}-400V}{600V} = \dfrac{1800V-400V}{600V} \approx 2.3$，大于纯切模式的峰值因素 1.4（见表 5-2）。

单极混切 1、单极混切 3、单极点凝模式的最大输出峰值电压 U_{max} 均为 3000V，变量 $y = \dfrac{U_{max}-400V}{600V} = \dfrac{3000V-400V}{600V} \approx 4.3$，大于单极混切 1 模式的峰值因素 2.8，大于单极混切 3 模式和单极点凝模式的峰值因素 4（见表 5-2）。

单极混切 2 模式的最大输出峰值电压 U_{max} 均为 3300V，变量 $y = \dfrac{U_{max}-400V}{600V} = \dfrac{3300V-400V}{600V} \approx 4.8$，大于单极混切 2 模式的峰值因素 3.3（见表 5-2）。

双极凝模式的最大输出峰值电压 U_{max} 为 250V＜1600V，满足附属设备和手术附件宜选用的额定附件电压（为 1000V）大于等于 U_{max} 的条件。

2. QA-ES 高频电刀分析仪

美国 Metron 公司生产的 QA-ES 高频电刀分析仪可以测量各种高频电外科器械的输出能量、最大电压、峰值电流和峰值因素；内置的可变负载可以自动进行功率分布曲线的测量；射频泄漏测量带宽为 30Hz～10MHz；通过软件编制可以进行全自动测量；配有示波器输出端，可以观察高频波形，如图 5-21（a）所示。QA-ES 是为按照国际标准（包括 IEC 601.2.2、EN 60601.2.2 以及 ANSI/AAMI HF18）简化对高频电外科设备进行测试而开发的。QA-ES 使用的内置负载范围为 10～5200Ω，可自动进行功率分布曲线测量。

QA-ES 高频电刀分析仪的功能键及接口使用说明如下，其正视图如图 5-21（b）所示，侧视图如图 5-21（c）所示，后视图如图 5-21（d）所示。

① 电源开关：On，Off。

② 调节旋钮：根据设定的范围选择不同的操作方式。

③ 进入：设定范围。

④ 取消：取消新的范围和返回选择范围。

⑤ 液晶显示屏：显示信息、测试结果和功能菜单。

⑥ 功能键：在显示屏的下方是 F1～F5 功能键，用于直接选择功能。

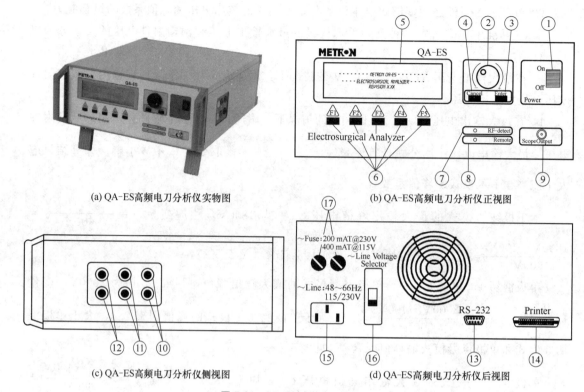

(a) QA-ES高频电刀分析仪实物图

(b) QA-ES高频电刀分析仪正视图

(c) QA-ES高频电刀分析仪侧视图

(d) QA-ES高频电刀分析仪后视图

图 5-21　QA-ES 高频电刀分析仪

⑦ RF 泄漏指示灯：指示被检测高频手术器启动工作时的状态。

⑧ 遥控功能指示灯：指示 F4 的工作状态。

⑨ 输出范围连接器：将被测仪器连接电缆接入此处。

⑩ 红黑端：高频电刀的可变电阻 VAR 输出端，作用电极连接红端，中性电极连接黑端。

⑪ 白色端：200Ω 固定负载电阻端。

⑫ 绿色端：脚控开关输出端。

⑬ RS-232 串口。

⑭ 打印机输出连接口。

⑮ 主电源。

⑯ 电源开关。

⑰ 熔丝。

三、实验内容与步骤

1. 高频电刀使用操作

（1）附件连接步骤

① 电源电缆的连接：用随机所附电源电缆将 220V 市电接入本机后面板的"网电源输入

插座"上。建议先将电缆一端（雌）插入机器，再将另一端（雄）插入固定安装的网电源三
眼插座上，如图 5-22 所示。

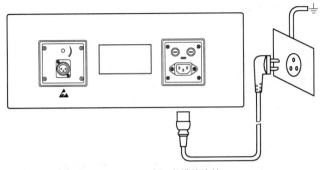

图 5-22　电源电缆的连接

　　② 脚踏开关的连接：在使用脚控刀进行单极手术或使用双极镊子进行双极手术时，必
须在仪器后面板相应插座插入脚踏开关。脚踏开关为双联，黄色左踏板启动切，蓝色右踏板
启动凝或双极，如图 5-23 所示。

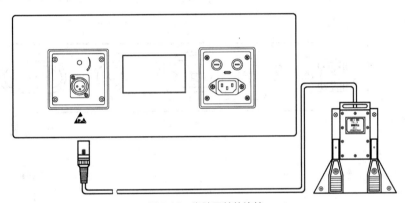

图 5-23　脚踏开关的连接

　　③ 中性电极的连接：中性电极只有选择单极模式时，极板回路才起作用。中性电极有 2
种，即可重复使用的金属极板（也称为硬极板）和随弃式导电粘胶极板（也称为软极板）。
金属极板与其连接电缆和连接器是装在一起的，故只要将极板插头插入极板插座即可，如
图 5-24 所示。若使用随弃式导电粘胶极板（俗称软极板），则在患者合适部位正确粘贴好

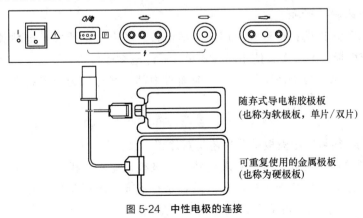

随弃式导电粘胶极板
（也称为软极板，单片／双片）

可重复使用的金属极板
（也称为硬极板）

图 5-24　中性电极的连接

后，将专用中性电极连接电缆插入相应极板插座，再用连接电缆另一端的极板夹夹持住软极板柄。

④ 单极手术附件：使用手控刀时，需将手控刀插头插入前面板三眼手控刀插座；使用脚控刀时，需将脚控刀插头插入前面板脚控刀插座，如图 5-25 所示。

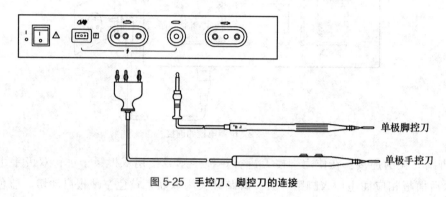

右侧标注：
单极脚控刀
单极手控刀

图 5-25　手控刀、脚控刀的连接

⑤ 双极手术附件：使用双极镊子时，需将双极镊子电缆插头插入前面板双极输出插座，如图 5-26 所示。

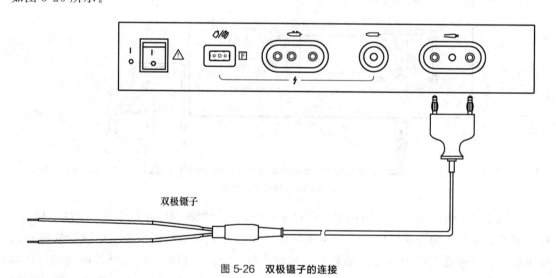

双极镊子

图 5-26　双极镊子的连接

（2）单极手术操作步骤

① 极板选择：可以选择可重复使用的金属极板、随弃式单片式导电粘胶极板和随弃式双片式导电粘胶极板。本次实验使用随弃式单片式导电粘胶极板。

② 极板回路指示：极板回路指示位于前面板中部。红灯即为故障提示灯，故障提示时一直点亮。

注意：

a. 极板方式必须与所用极板是单片还是双片相一致。

b. 主机电源接通而极板电缆插头未正确插入极板插座时，机器将发出急促故障提示声（＞65dB 且不可调），同时前面板的红色故障提示灯点亮。此时机器无法启动，只有极板正确连接后，声光故障提示方可消失，机器处于待命状态。

③ 模式选择：仪器具有单极、双极模式选择按键，根据需要进行设定。选用单极模式时，单极指示灯亮，切、凝窗口均为单极模式；若选用双极模式，则双极指示灯亮，凝功率显示窗口显示的是双极选用功率，如图 5-27 所示。

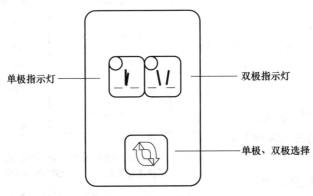

单极指示灯 ———   ——— 双极指示灯

———— 单极、双极选择

图 5-27　单极、双极选择

a. 单极切：单极切分纯切（0～350W）、混切 1（0～250W）、混切 2（0～200W）和混切 3（0～120W）四种模式。通电后，可用前面板切模式选择按键选中所需模式，相应模式指示灯将点亮；切模式选中后，可用切功率升降按键选择需用功率，如图 5-28 所示，长按连续变化 10 个字以上则加速 8 倍升/降，正常调节以点动为佳。

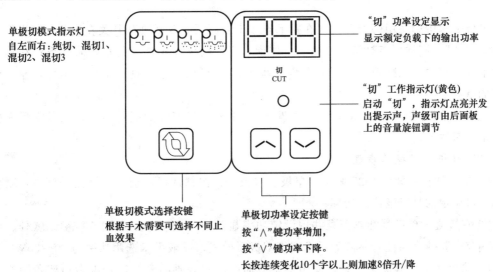

单极切模式指示灯 ————
自左而右：纯切、混切1、
混切2、混切3

"切"功率设定显示
显示额定负载下的输出功率

切
CUT

"切"工作指示灯(黄色)
启动"切"，指示灯点亮并发
出提示声，声级可由后面板
上的音量旋钮调节

单极切模式选择按键
根据手术需要可选择不同止
血效果

单极切功率设定按键
按"∧"键功率增加，
按"∨"键功率下降。
长按连续变化10个字以上则加速8倍升/降

图 5-28　单极切模式和功率选择

纯切仅用于出血少的组织手术。它的功能主要为切割，止血能力较差。一般手术选用功率不超过 100W，只有少数大型手术才选择大于 100W 的功率。

混切 1、混切 2 和混切 3 是既有切割功能又有凝血功能的混合模式，手术中应用较多。混切 1、混切 2 和混切 3 在相同功率设定下具有基本一致的切割功能，但止血效果按顺序增大。混切 3 止血能力最强，适合出血量较大的组织手术。

混合切的功率（一般手术选用 20～80W）与组织状态、医生操作手势和快慢以及所用手术电极形状有很大关系，但通常不超过 100W，不要随意增大功率设定。

b. 单极凝：单极凝和双极凝共用设定功率显示窗口和功率设定调节按键，如图 5-29 所示。

单极凝只有"点凝"一种模式，用于需专门止血的组织部位。其功率设定由其功率升降按键选择，一般手术为 10～60W，通常不超过 80W。

c. 输出激励：单极手术必须正确连接和贴放中性电极，消除故障提示，方可启动输出。

单极手术时，如使用手控刀，则在按下手控刀柄上靠近电极的黄

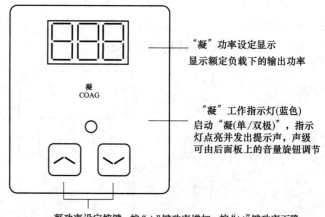

"凝"功率设定显示
显示额定负载下的输出功率

"凝"工作指示灯(蓝色)
启动"凝(单/双极)"，指示灯点亮并发出提示声，声级可由后面板上的音量旋钮调节

凝功率设定按键：按"∧"键功率增加，按"∨"键功率下降。
长按连续变化10个字以上则加速8倍升/降

图 5-29　单极凝功率设定

色按键后，即可启动"切"，点亮前面板上黄色"切"工作指示灯，并在手控刀头（电极）与极板（中性电极）之间输出预先选定的切模式功率。

在按下手控刀柄上离电极较远的蓝色按键后，即可启动"单极凝"，点亮前面板上蓝色"凝"工作指示灯，并在手控刀头（电极）与极板（中性电极）之间输出预先选定的单极凝功率。

单极手术中如使用脚控刀，则在踏下连接于后面板的双联脚踏开关左边黄色踏板后，即可启动"切"，同样可点亮黄色"切"工作指示灯，输出预先选定的切模式功率；在踏下双联脚踏开关右边蓝色踏板后，即可启动"单极凝"，点亮蓝色"凝"工作指示灯，输出预先设定的单极凝功率。

此外，单极切、凝启动时，机器可发出 500Hz 和 650Hz 的提示声，声级可由后面板上的音量旋钮调节。

（3）双极手术操作步骤

① 模式选择：如图 5-27 所示，单极、双极选择按键选择双极，双极指示灯亮，凝功率显示窗口显示的是双极选用功率。

② 双极凝：单极凝和双极凝共用设定功率显示窗口和功率设定调节按键。脑外、手外及某些腔内腔外小部位、显微等手术需用双极凝模式，一般手术选用功率为 10～20W。

③ 输出激励：双极手术时，使用接于后面板的双联脚踏开关，踏下右边蓝色踏板，即可启动双极凝，点亮蓝色"凝"工作指示灯，机器发出 350Hz 的提示声（可由后面板上的音量旋钮调节），同时在双极镊子两脚之间输出预先设定的双极凝功率。

2. QA-ES 高频电刀分析仪操作方法

① 按下电源开关 On，5s 内屏幕出现主界面，如图 5-30 所示。

② QA-ES 高频电刀分析仪的工作流程：QA-ES 的操作通过两个触摸键"ENTER"和"CANCEL"、调节旋钮、F1～F5 五个功能键和一个液晶显示屏实现。通过按 UP（F2）或 DOWN（F3），"＊"移动到所选择测试功能，通过调节旋钮改变所选择测试功能的参数值，

然后按下触摸键"ENTER"确定。QA-ES 高频电刀分析仪操作流程如图 5-31 所示。

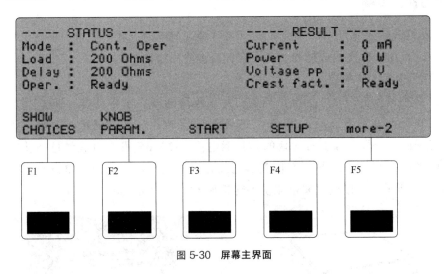

图 5-30　屏幕主界面

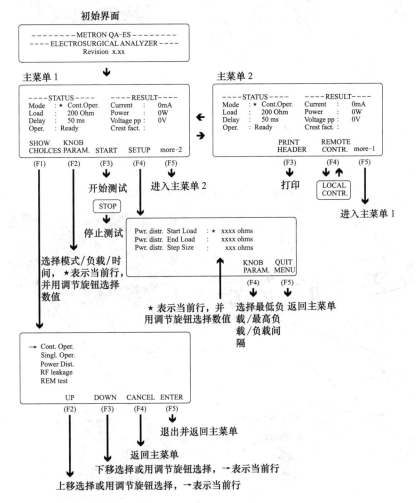

图 5-31　QA-ES 高频电刀分析仪操作流程

3. 高频电刀检测步骤

采用 QA-ES 高频电刀分析仪检测 GD350-B 型高频电刀。将高频电刀中性电极连接好后打开电源，进行相应的模式选择和功率设定，启动输出激励。

（1）高频漏电流的测试

GD350-B 型高频电刀是中性电极高频时与地隔离的高频手术器械，即 F 型，测试时电刀在各个模式最大设定下启动，用 QA-ES 测量被启动的电极（极板、手控刀头、脚控刀头、双极镊子的各个脚）分别对大地的高频漏电流。QA-ES 可变负载红色插孔中的线与被启动电极的输出相连，QA-ES 可变负载黑色插孔中的线与地线相连。单极模式漏电流检测连接如图 5-32 所示，双极模式漏电流检测连接如图 5-33 所示。

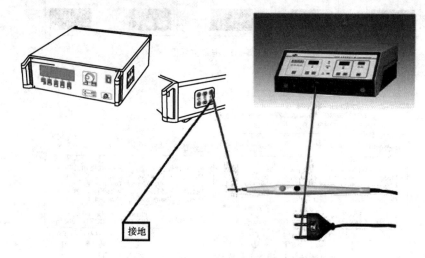

图 5-32　单极模式漏电流检测连接图

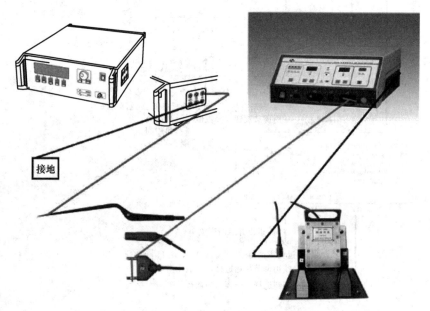

图 5-33　双极模式漏电流检测连接图

在 QA-ES 显示屏上设定：

① Mode：RF Leakage。

② Load：200Ω（固定电阻为200Ω）。

③ Delay：350ms。

测量的结果如下。

允许的高频漏电流的极限值：

① 在作用电极测量：≤150mA。

② 双极输出：不超过双极最大功率的1％。

（2）高频电刀的功率检测

测量高频手术器的功率曲线如下。

① 额定负载功率曲线　QA-ES 可变负载红色插孔中的线与电切刀的输出相连，QA-ES 可变负载黑色插孔中的线与中性极板输出相连。单极模式功率测试连接如图 5-34 所示，回路形成后，在 QA-ES 显示屏上设定：

a. Mode：Sing1. Oper。

b. Load：500Ω（单极的额定负载为500Ω）。

c. Delay：350ms。

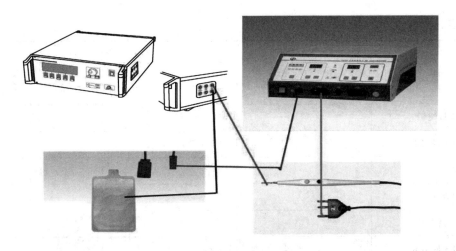

图 5-34　单极模式功率测试连接图

激励电切，同时，按下 QA-ES 的 F3 键（START）。此时，RF-Detect 灯亮，测得实际输出功率，是否与设定功率值相符，偏差≤20％。测试点：最大设定≥200，每"50"为一测试点；最大设定 100/120，每"20"为一测试点。

测试点：对于单极纯切、单极混切 1、单极混切 2，每 50W 为一测试点；对于单极混切 3 和单极凝，每 30W 为一测试点；对于双极凝，每 10W 为一测试点。

测量双极凝功率时，QA-ES 可变负载红色、黑色插孔中的线分别与双极镊子的两个脚输出相连。双极模式功率测试连接如图 5-35 所示。

改变 Load：100Ω。

② 负载功率曲线　测试各个工作模式全功率设定和半功率设定下的输出功率 P（W）随

负载电阻 R_L（Ω）的变化，并绘制曲线。

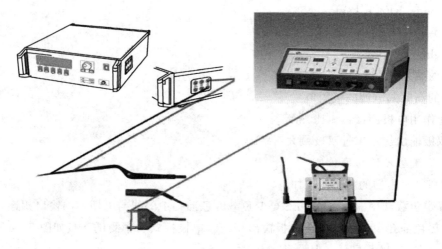

图 5-35　双极模式功率测试连接图

四、实验报告

1. 高频漏电流的测试。

模式	最大功率设定	漏电流		
		作用电极	中性电极	
			手控	脚控
单极纯切				
单极混切 1				
单极混切 2				
单极混切 3				
单极点凝				
双极凝输出极 1			—	—
双极凝输出极 2			—	—

2. 额定负载输出功率及其他性能测试。

设定功率（混切 2）/W	电流/mA	输出功率/W	输出峰值电压 U_p /V	峰值因素	功率偏差 /%
200					
150					
100					
50					

续表

设定功率（双极凝）/W	电流/mA	输出功率/W	输出峰值电压 U_p /V	峰值因素	偏差/%
50					
40					
30					
20					
10					

3. 负载功率曲线。

测试以下工作模式全功率设定和半功率设定下的输出功率 P（W）随负载电阻 R_L（Ω）的变化，并绘制曲线。

电阻/Ω	模式			
	单极混切 2		单极点凝	
	200	100	120	60
2000				
1000				
500				
200				
100				

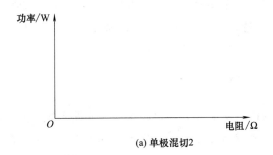

(a) 单极混切2

(b) 单极点凝

一、实验理论与基础

肾脏的生理功能主要包括：生成尿液以排出人体代谢剩余水分、废物及毒物；调节体液平衡、电解质及酸碱平衡以稳定机体内的环境，使新陈代谢正常进行；分泌内分泌功能。

血液透析机在肾病治疗中占有非常重要的地位。在肾病的保守疗法、透析疗法、肾移植三种可选的治疗方案中，透析疗法是当前治疗肾病最有效的方法，可用于对各种急、慢性的肾衰竭患者进行血液透析。目前应用血液透析机挽救了成千上万人的生命。根据临床要求，治疗时间一般需要持续三至六个小时（一般情况下大约为四个小时）。一周进行三次（在例外的病例中，一周两次）。透析机是一种高风险设备，血液透析机结构分析及性能检测具有重要意义。

1. 血液透析机结构与工作原理

血液透析装置可分为两大功能部分：血路系统和水路系统。其与体外血液循环管（透析器管路）相连，共同配合完成治疗工作。工作流程如图 6-1 所示。在血液回路中，血液从动静脉内瘘的动脉端通过血泵的驱动被引出，动脉压监测器监测动脉端压力，肝素泵持续缓慢推注肝素抗凝，血液滤除空气后，进入透析器，在其中隔着半透膜与透析液反向流动，通过

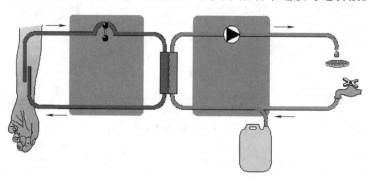

图 6-1　血液透析原理示意图

弥散、对流和超滤原理进行物质交换，清除代谢产物如尿素、肌酐、胍类、中分子量物质和多余的水分，平衡血液中的酸、碱和电解质浓度。交换后的血液流到静脉壶，此处测静脉压及监测液平面，再经过气泡监测和阻流夹，从动静脉内瘘的静脉端流回病人体内。

（1）血路部分

血路部分包括：血泵、肝素泵、动脉压监测、跨膜压、静脉压监测、气泡或液位监测、阻流夹等。

① 血泵（Blood Pump）：用来推动血液循环，以维持血液透析治疗的顺利进行。通常来说，血泵部分往往具有转速检测功能，用来监测病人的血流情况，而血流又与各种毒素的清除有关。血泵多采用蠕动泵，通过滚轴顶部压迫闭合血液管道，克服血液阻力而使血液流动。因此血泵转轮与凹槽间距设定一定要精确，并需要经常调整。根据血路泵管的情况，一般将间距设定为 3.2～3.3mm。不可太松，否则会造成血流检测不准；也不可太紧，如果太紧会造成管路破裂，发生事故。

② 肝素泵（Heparin Pump）：肝素泵相当于临床上应用的微量注射泵，用以持续向病人血液中注射肝素。由于病人的血液在体外循环与空气接触，很容易发生凝血现象，因此需要注入肝素，防止发生凝血。

③ 动/静脉压监测（Arterial/Venous Pressure Test）：动脉压监测用来监测透析器内血栓、凝固和压力的变化。当血流不足时，动脉压就会降低；当透析器内有凝血和血栓形成时，动脉压就会升高。静脉压监测用来监测管路血液回流的压力。当透析器凝血或血栓形成、血流不足以及静脉血回流针头脱落时，静脉压就会下降；如果血路回流管扭曲堵塞或回流针头发生堵塞时，静脉压就会升高。以上情况发生时，机器会自动报警。

④ 跨膜压（Transmembrane Pressure，TMP）：透析膜两侧的压力差，即血液侧的压力减去透析液侧的压力。由于透析液侧为负压，即为透析器内血液侧的正压和透析液侧负压之和。血液透析过程中，水与小溶质一起从血液转移到透析液中。水的超滤速度取决于透析膜两侧的压力之差。

⑤ 气泡或液位监测：用来监测血液管路以及静脉壶中的空气气泡。一般采用超声波探测的原理，为了避免病人发生空气栓塞而设置。当监测到有空气气泡时，检测系统会驱动阻流夹阻断血流，防止危险的发生。

（2）水路部分

水路部分主要包括：进水系统、温度控制系统、配液系统、除气系统、电导率监测系统、超滤系统、平衡腔、透析液流量监控系统、漏血监测系统、旁路阀、冲洗消毒系统等。

① 进水系统：反渗水进入血透机的水路系统，经过热交换器，与即将排出机器的废液隔着金属导热片相对流过，使废液的热量传至反渗水，之后流经加热腔进行加热。

② 温度控制系统：包括加热和温度检测两部分。在正常透析时，一般将符合治疗标准的反渗透水加热至 36～40℃，与浓缩液混合后由温度传感器检测温度，进而控制加温，使得透析液温度与设定的温度符合。一般透析液温度控制在 37℃左右，根据病人情况可适当调节。具有热消毒的机器，在进行热消毒时加热温度可以达到 100℃。

③ 配液系统：配制合格的透析液，理想的透析液电解质成分必须与血液的电解质成分、pH 值相似。透析期间需要大量补充缓冲剂，所以缓冲剂（碳酸氢盐）的浓度在透析液中较

高。透析液的配制为 A 浓缩液＋B 浓缩液＋反渗水，其中 A 浓缩液为 NaCl、KCl、$CaCl_2$、$MgCl_2$、冰醋酸，B 浓缩液为 $NaHCO_3$，配制的比例也是根据配方的不同而不同。以碳酸盐透析为例，一般混合比例为 A 液：B 液：纯水＝1：1.83：34。目前很多机器都采用陶瓷活塞泵进行配比，通过调整转速快慢来达到配制透析液的精确性。

④ 除气系统：在水和浓缩液中存在一定的空气，配制透析液的过程中由于碳酸盐的存在也会有气体的生成。这些气泡在透析液中有可能引起血液空气栓塞，降低废物的清除率，影响透析液的流量和压力，进而影响电导率浓度等情况的发生，因而需要除去透析液中的空气。除气时利用负压原理，一般除气压设为 $-600mmHg$❶ 左右，但在高原地区要适当降低负压，如兰州、昆明等地设为 $-500mmHg$ 即可。

⑤ 电导率监测系统：温度恒定的反渗水在混合腔通过比例泵与 A、B 浓缩液按设定比例进行高精度配液，配制成与血液等渗的透析液。一般碳酸盐透析功能的血液透析机往往配置有 2～3 个电导率监测模块，首先检测 B 液的浓度，如果 B 液浓度达到要求再吸 A 液，然后检出的电导率就是透析液的实际电导率。电导率监测模块监测到的电导率值传送到相关CPU 电路，与设定电导率相比较，进而控制浓缩液配制系统，使其配制出符合要求的透析液。通常透析液浓度维持在 13.8～14.3mS/cm 之间。

⑥ 超滤（Ultrafiltration）系统：超滤系统主要由超滤泵和泵管、管道组成，连接于透析器废液流出口与平衡腔之间。影响超滤的主要因素是跨膜压。当透析器固定时，TMP 可以决定单位时间内的超滤量。大部分血液透析病人的肾脏功能已经衰竭或完全丧失，无法排除体内水分，因此超滤系统在血液透析机中非常重要。目前市场上血液透析机的超滤控制系统可以分为流量传感器系统和平衡腔两类。

⑦ 平衡腔：恒温、等渗的透析液经过平衡腔的一侧进入透析器，透析液通过透析器和患者血液发生弥散、对流、超滤等透析基本过程成为废液，废液然后再次进入平衡装置，最后又从平衡腔排出废液。该平衡腔是为了保证进出透析器的液体平衡，而超滤泵则以适当的速度移除患者体内多余的水分。

⑧ 透析液流量监控系统：透析液流量监控系统是决定透析机除水性能好坏的主要装置之一。流量监控系统主要由电子流量计和流量泵组成，通过电信号的变化反映透析液流量的变化，通过与设定位比较，随时保证流量控制在 500mL/min。

⑨ 漏血监测（Blood Leakage）系统：血液透析过程中有时会发生透析器破膜现象，这时就会发生漏血。为了检测漏血的发生，一般血液透析机利用光学原理检测透析液中的血红素，其检测灵敏度为 0.25～0.35mL 血红素/1L 透析液。在透析过程中如果有沉淀或过脏，易发生假报警，这就需要操作人员及时清除漏血检测部位的脏物。

⑩ 旁路阀：当出现任何透析液的异常或有漏血报警发生时，机器将发出警报，同时，自动进入旁路模式，切断透析液和血液的连接，将不合格的透析液直接导向透析器下游，而不流入透析器，以保证患者的安全。

⑪ 冲洗消毒系统：由于透析液中有 A 浓缩液和 B 浓缩液，钙质沉淀物将堵住泵、阀和各类传感器，会损坏机器，因此每次碳酸盐透析治疗后都需要脱钙，如用柠檬酸等进行冲洗

---

❶ 1mmHg＝133.322Pa。

消毒。

（3）透析器

透析器的类型主要有盘管型、平板型和中空纤维型等，前两种由于效率较低很少被使用。在血液透析中的半透膜称为透析膜，透析膜的一侧是患者的血液，另一侧是透析液，血液和透析液互相之间通过透析膜进行成分交换。透析膜的主要作用有：血液中的有用成分不能被透过；阻止细菌透过透析膜进入患者血液中；身体必需的电解质通过透析膜进行适当的补正；将尿素、肌酸、尿酸等蛋白质代谢产物以及血液中储留的药物等物质通过透析膜扩散到透析液，从而从血液中去除；体内不需要的中、高分子物质，由于与透析膜的孔径相当，扩散比较困难，必须采用对流超滤法。透析膜根据制作的材料不同分为纤维膜和合成高分子膜，透析膜的采用应根据患者的病情而定。由于纤维膜的成本和价格低，目前绝大多数采用纤维膜。合成高分子膜由于其结构接近于人体组织结构，具有优越性，但制造成本和价格较高，故比较少用。目前普遍使用的是中空纤维型，这种透析器的外径约 5cm，内有约 6000～8000 根中空纤维。中空纤维的长度为十几厘米，内径约 $200\mu m$。中空纤维内走血，中空纤维外走透析液，血液流动的方向与透析液流动的方向相反，因为理论上同向流动的扩散率比反向流动的扩散率低。

2. 透析用水

普通用水经过处理可成为反渗水。水处理的根本目的是去除水中的各种成分，尽量使水净化，使其对人体和设备的损害降到最低程度。水处理的方法大致有蒸馏法、电渗析法、单纯软化法、纯水装置和 RO 装置。绝大多数透析中心使用 RO 水处理系统。RO 系统的关键部分是使前期处理水通过一种膜装置，使水纯化。为延长膜的寿命，水在入膜之前先经过一系列的预处理，主要包括：①过滤器，主要作用是去除悬浮粒子；②砂滤装置，主要作用是去除铁、锰；③活性炭吸附装置，主要作用是吸附低分子量有机物氯、氯胺；④离子交换树脂，主要作用是去除钙、镁等。

3. 血液透析机主要检测参数

血液透析设备的安全性和可靠性主要依赖于其工作过程中压力、流量、温度、电导率等参数的正确性，必须严格进行检测控制。行业标准有：YY 0054—2010《血液透析设备》、GB 9706.2—2003《医用电气设备 第 2-16 部分：血液透析、血液透析滤过和血液滤过设备的安全专用要求》、JJF 1353—2012《血液透析装置校准规范》。以下介绍 YY 0054—2010《血液透析设备》的检测要求和检测方法。

（1）分类

设备按功能可划分为如下两类。

① 血液透析型。

② 血液透析滤过型：

a. 在线式。在线式设备是在设备配置好的透析液的基础上，再经过内毒素过滤器进一步净化，达到静脉注射液的标准，作为置换液应用于血液透析滤过/血液滤过的设备。

b. 非在线式。

86 医用电气设备安全和性能检测实验指导教程

（2）基本参数

① 透析液流量　分类不同的设备，透析液流量应分别满足以下规定：

a. 血液透析和非在线式血液透析滤过设备透析液的最大流量不小于 500mL/min；

b. 在线式血液透析滤过设备的最大透析液流量不小于 700mL/min。

② 超滤方式　超滤方式为容量超滤控制型。容量超滤控制是通过控制脱水的容量，调节脱水量的超滤控制方式。

③ 供液方式　供液方式为自动配液。自动配液是设备分别吸入浓缩透析液或相关浓缩物以及透析用水，通过设备自动系统按比例混合，输出符合临床透析处方的过程。

根据 YY 0054—2010《血液透析设备》行业标准所列出的主要检测参数指标如表 6-1 所示。

表 6-1　血液透析机主要检测参数要求和实验方法

检测项目	主要参数	要求	实验方法
流量控制	血液流量误差	设备的血液流量误差应符合制造商的规定。注:血液流量的负误差不宜低于−10%	使用设备配套的体外循环管路，使血泵运行至少30min，在体外循环管路中通入温度为37℃的水，在设备的标称范围内分别设置高、中血泵流量。实验时将泵前压设置在−26.7kPa（−200mmHg）处，用精度优于1g的电子天平称量，秒表计时，测量3次，每次3min，其最大误差应符合要求
	透析液流量误差	设备的透析液流量误差应符合制造商的规定。注:透析液流量的负误差不宜低于−10%	根据制造商的规定，将设备设定成血液透析模式，将透析液流量分别调至最小、最大两挡。待其稳定后，用精度优于1g的电子天平称量，秒表计时，在30min内测量透析液流量，其最大误差应符合要求
	脱水控制	脱水误差:设备在标称的脱水范围内±5%或±100mL/h，两者取绝对值大者	实验1:将设备配套的透析器和体外循环管路按血液透析工作模式连接好，并将血路的动静脉端浸入盛水的容器中，将设备设定为透析模式，在体外循环管路中充满水，将透析液流量设为最大，将透析液温度设为37℃，将脱水速率设定为0mL/h或最低的可调值，血泵流量200mL/min，血液出口处压力设置为低于最高的规定压力6.7kPa（50mmHg），用精度优于1g的电子天平测量容器水量。当流量达到稳定状态后，测量30min的累积脱水量，其最大误差应符合要求。 实验2:继续实验1，将脱水速率设到最大，当流量达到稳定状态后，测量30min的累积脱水量，其最大误差应符合要求。 实验3:继续实验2，将血液出口处压力调至高于最低的规定压力2.67kPa（20mmHg）。当流量达到稳定状态后，测量30min的累积脱水量，其最大误差应符合要求。 实验4:在血液透析滤过模式下（若有），将置换液流量分别设为标称最大值和最小值，依次进行实验1~3，测量30min的累积脱水量，其最大误差均应符合要求
		脱水偏离:在治疗期间的任何时间内，脱水量应保持在±400以内	将设备配套的透析器和体外循环管路按血液透析工作模式连接好，并将血路的动静脉端浸入盛水的容器中，将设备设定为透析模式，在体外循环管路中充满水，将设备设置为在最大透析液流量下进行测试，设置最大置换液流量（若可调），设置透析液温度至37℃（若适用），分别设置最大和最小脱水速率，分别对每一个泵控制系统模拟一次大流速故障和一次小流速故障（每次模拟一个故障）。此故障将对脱水率产生影响，直至触发防护系统的报警信号，报警的同时测定理论容量与实际容量的差异，其误差应符合要求

检测项目	主要参数	要求	实验方法
流量控制	脱水控制	脱水安全:设备运行时,应符合下列规定,确保脱水安全: a. 设备应显示实时脱水参数。 b. 脱水参数的设置应经过确认	设定超滤速率并运行设备,目力观察予以验证,结果应符合要求
	肝素流量控制及监测	肝素流量误差:设备的肝素流量误差应符合制造商的规定	使用制造商说明书规定的注射器,并按要求装上指示器,用水做实验。在标称范围内,将肝素流量分别调至中值和最大值,用精度优于 0.1g 的电子天平称量,秒表计时,测量 1h 的流量,其误差应符合要求
		肝素注入监测功能:当肝素注入完毕或推注到预设时间,设备应发出声光提示	①启动肝素泵,观察肝素注入完毕时的报警动作,应符合要求。 ②启动肝素泵,使用制造商说明书规定的注射器,并按要求装上注射器,预设运行 30min,观察预设时间完毕时的报警动作,应符合要求
		肝素泵过负荷或速率不正确的监测功能:当肝素泵过负荷或速率不正确时,设备应发出声光报警	按制造商说明书的规定,通过模拟肝素泵过负荷,或模拟肝素流量偏离要求时,观察设备的报警动作,应符合要求
透析液成分	透析液成分	透析液成分应符合制造商的规定。 注:设备应有在线取透析液样本的装置	运行血液透析模式,待设备稳定后取透析液样本。按《血液透析及相关治疗用浓缩物》(YY 0598—2015,ISO 13958—2002,MOD)的规定进行检验,结果应符合要求
透析液浓度控制及监测	分辨率与指示精度	a. 显示分辨率应不大于显示范围的1%。 b. 指示精度应符合制造商的规定	①按制造商说明书,调节配液监控系统的电导率,其设定范围和分辨率应符合 a 的要求。 ②设置血液流量 200mL/min,透析液流量 500mL/min 或者最大流量,超滤速率 1000mL/h,使设备运行在血液透析模式,分别设定电导率为标称范围高、中、低三挡。待设备稳定后,用精度优于 0.1mS/cm 的电导率测试仪测量透析液浓度,电导率显示值与测量值的最大误差应符合 b 的要求
	浓度控制功能	a. 透析液浓度(电导率)设定值在标称范围内应连续可调。 b. 电导率控制误差应符合制造商的规定。 c. 设备宜配备透析液浓度(电导率)反馈控制功能	①按制造商说明书,调节透析液浓度设定值,应符合 a 的要求。 ②设置血液流量 200mL/min,透析液流量 500mL/min 或者最大流量,超滤速率 1000mL/h,使设备运行在血液透析模式,电导率设定为设备默认值。待设备稳定后,用精度优于 0.1mS/cm 电导率测试仪测量透析液浓度,电导率测量值与设定值的最大误差应符合 b 的要求。 ③继续实验,人为使透析浓缩液浓度偏离 +10% 或 -10%,待电导率稳定后,用精度优于 0.1mS/cm 的电导率测试仪测量透析液浓度,电导率的测量值与设定值的最大误差应满足 b 的要求。 ④通过查看设备及制造商技术文件,结果应符合 c 的要求

检测项目	主要参数	要求	实验方法
透析液浓度控制及监测	浓度监测功能	a. 自动配液设备应具有两个或以上在线的透析液电导率测量装置,治疗过程中,当任一个电导率测量装置的测量值超过设定值的±5%时,设备应发出报警,并阻止透析液流向透析器(或滤过器)和阻止置换液流进血液。 b. 治疗过程中,电导率超限监测功能不允许关闭。 c. 设备应具备防止A/B浓缩液放错的措施	①设置血液流量200mL/min,透析液流量500mL/min或者最大流量,超滤速率1000mL/h,使设备运行在血液透析模式,电导率高报警限值设为14×(1+5%)mS/cm,电导率低报警限值设为14×(1-5%)mS/cm。待设备运行稳定后,在10min内以每2min的时间间隔在血液透析器的透析液入口处用精度优于0.1mS/cm的电导率测试仪测量透析液浓度并计算平均值。分别模拟5次透析液浓度报警状态,在报警的同时从与电导率传感器监控系统相邻的位置上获取的五个样品变化不应超出之前计算的电导率平均值的±5%的范围。观察其报警动作及监测功能,应符合a的要求。 ②通过查看设备及制造商技术文件,结果应符合b的要求。 ③人为放错A/B浓缩液,模拟故障状态进行测试,结果应符合c的要求
温度控制	温度控制范围	透析液、置换液温度应控制在33~40℃范围内	按制造商说明书调节,目力观察予以验证,结果应符合的要求
	温度控制精度	a. 对透析液的加热:在35~38℃范围内,控温精度为±0.5℃,其余温度范围的控温精度应符合制造商的规定。 b. 对置换液的加热:非在线式血液透析滤过设备控温精度应符合制造商的规定	实验1:分别将透析液流量调至最大和最小工作流量两种状态,调节透析液温度至控温范围的高、低两点,往体外循环管路中接入室温的水。待设备稳定后,在30min内,分别用精度优于设备标称精度的温度测量仪测量透析器入口处的温度,应符合a的要求。 实验2(适用于对置换液有加热装置的非在线式血液透析滤过设备):分别将置换液流量调至最大和最小工作流量两种状态,调节置换液温度至控温范围的高、低两点,往体外循环管路中接入室温的水。待设备稳定后,分别用精度优于设备标称精度的温度测量仪,在置换液管与血路管的连接点上测量30min内置换液的温度,应符合b的要求
	超温报警	应有高低限报警,超出报警温度预置值时,应发出声光报警,阻止透析液流向透析器(或滤过器)和阻止置换液流进血液	设置透析液(或置换液)的报警温度限值,调节透析液(或置换液)温度超过报警温度限值。观察报警动作状态,应符合要求
压力监控	跨膜压监控	a. 指示精度应符合制造商的规定。 b. 应有高低限报警,报警值允差应符合制造商的规定	①设置透析液流量为500mL/min,在血液管路压力稳定为某一值的情况下,设法改变透析液压力或滤过液压力至标称压力范围的低、中、高三点。待稳定后,用标准压力测量仪在透析液流程中拟供血液透析器使用的位置和高度测出透析液压力,并用其余两个标准压力测量仪测出透析器的血室入口和出口的压力,按透析器的血室出入口间的压力算术平均值与透析压力之差计算跨膜压。 ②当压力超出预置报警值时,观察报警时的指示值与报警预置值之差及报警动作状态,应符合b的要求
	静脉压监控	a. 指示精度应符合制造商的规定。 b. 应有高低限报警,报警动作误差应符合制造商的规定。 c. 治疗模式下,当静脉压报警的低限被调整为低于1.33kPa(+10mmHg)时,设备应发出警示。 d. 超出报警预置值时,应停止血泵运转,阻止置换液流进血液,并将超滤降到最小值	①在标称范围内,用精度优于指示精度的标准压力探测仪监测,其指示精度最大误差应符合a的要求。 ②调整血液流量为中等速度,调整静脉压为中间数值,设置高、低限报警值,然后用注射器做加压或抽负压模拟报警实验,观察报警时的指示值与报警预置值之差和报警动作状态,应符合b、d的要求。 ③在治疗模式下,观察静脉压报警限低限设置范围,应符合c的要求

续表

检测项目	主要参数	要求	实验方法
压力监控	动脉压监控	a. 指示精度应符合制造商的规定。 b. 应有高低限报警,报警动作误差应符合制造商的规定	①在标称范围内,用精度优于指示精度的标准压力探测仪监测,其指示精度最大误差应符合 a 的要求。 ②调整血液流量为中等速度,调整动脉压为中间数值,设置高、低限报警值,然后用注射器做加压和抽负压模拟报警实验,观察报警时的指示值与报警预置值之差和报警动作状态,应符合 b 的要求
稳定性	透析液流量、温度、电导率稳定性	设备工作性能应稳定,在连续工作 4h 中,透析液流量波动≤10%;透析液温度波动≤1℃;透析液电导率波动≤1mS/cm	环境和进液温度变化不大于 2℃ 的情况下,设定透析液流量 500mL/min,血泵流量 200mL/min,静脉压 6.7kPa (50mmHg),超滤速率 1000mL/h,透析液温度设定为 37℃,按血液透析模式运行设备,运行 30min 后开始记录透析液流量、温度、电导率的显示值。继续实验,连续运转 4h,每 30min 记录一次,其波动值应符合要求
漏血防护系统	设备应有漏血防护系统	在规定的最大透析液流量、超滤流量、置换液流量下,漏血速率的最大报警限值应≤0.35mL/min(血液的 HCT 为 32%)	在能同时保证透析液的电导率及其温度安全的操作条件下进行,将红细胞比体积已调节到 0.32±0.02 的新鲜人(牛)血按比例配制实验液。配制溶液的比例=0.35/(设备最大透析液流量＋设备最大超滤速率＋设备最大置换液流量)单位(mL/min)。在血液透析或血液透析滤过模式下将透析器接头置于盛有实验液的容器中,设备的透析液流量、超滤流量、置换液流量调至最大状态,待实验液流过漏血探测器时,防护系统的报警动作应符合要求
防止空气进入	设备应具有以下两种防止空气进入人体的方法之一	a. 气泡检测方式:直接在血液管路上进行监测的防护系统,出现在静脉管路内的连续通过的微小气泡报警限值或大块气泡报警限值应符合制造商的规定	具体见检测标准中气泡检测方式实验,分别进行持续空气注入实验和大体积空气注入实验
		b. 液位检测方式:采用静脉壶液面探测器的设备,应能检验出静脉壶内的血液高度低于探测器下端的状态	在 200mL/min 标准血流量下的血液管路内,用注射器向静脉壶内缓慢注入空气,观察空气捕捉器内液面下降情况,当液面低于探测器下端时,防护系统必须动作,且应符合要求
pH 值监测装置(若有)	透析液 pH 值检测	设备 pH 值监测装置的测量误差应符合制造商的规定	设备稳定运行 30min 后,在透析器的入口处获得恰当的透析液,用精度为 0.1 的测试仪器测量透析液的 pH 值,结果应符合要求
称重计(若有)	称重计实验	设备称重计的测量误差应符合制造商的规定	在空置及挂上标称范围中间值或最大值的标准砝码时,称重计读数应符合要求

二、实验设备与器材

本实验采用专用透析液检测流量计和美国 MesaLabs 公司生产的 90XL 血液透析检测仪对贝朗爱敦(上海)贸易有限公司生产的 Dialog＋血液透析机进行检测。

1. Dialog+ 血液透析、血液透析滤过装置

贝朗 Dialog＋血液透析、血液透析滤过装置的基本机型有 Dialog＋单泵透析机、Dialog＋双泵透析机、Dialog＋血液透析滤过-联机系统。不同主机类型与不同备选件可组成不同的产品组合,分别完成透析、透析滤过等功能。

① Dialog＋单泵透析机　Dialog＋单泵透析机可提供:醋酸盐/碳酸氢盐操作;容量超滤装置;肝素泵;对透析液成分、温度和流速,肝素供应以及超滤等可以进行固定或可调的曲线控制。Dialog＋单泵透析机可用于血液透析(HD)和单纯超滤(ISO UF)治疗程序。

② Dialog＋双泵透析机　Dialog＋双泵透析机可以提供:双泵单针设备;壶液面调节;

醋酸盐/碳酸氢盐操作；容量超滤装置；肝素泵；对透析液成分、温度和流速，肝素供应以及超滤等可以进行固定或可调的曲线控制；热交换器。Dialog＋双泵透析机可用于血液透析（HD）和单纯超滤（ISO UF）治疗程序。

③ Dialog＋血液透析滤过-联机系统（HDF-online） Dialog＋血液透析滤过-联机系统（HDF-online）式透析机可以提供以下标准功能特性：双泵单针设备、壶液面调节；醋酸盐/碳酸氢盐操作；容积超滤装置；肝素泵；对透析液成分、温度和流速，肝素供应以及超滤等可以进行固定或可调的曲线控制；采用两级式的透析液过滤系统联机生产超净的透析液，确保置换溶液的洁净度；可以为血液滤过和血液透析滤过联机生产所需的无菌、无致热原的置换溶液；附加置换溶液的前后稀释选项装置；碳酸氢盐干粉筒固定夹；热交换器。Dialog＋血液透析滤过-联机系统（HDF-online）式透析机可用于血液透析（HD）、单纯超滤（ISO UF）、血液滤过（HF-online）、血液透析滤过（HDF-online）。

（1）Dialog＋血液透析滤过-联机系统的基本功能

Dialog＋血液透析滤过-联机系统的前面板设置部件如图 6-2 所示，侧面板设置部件如图 6-3 所示，后面板设置部件如图 6-4 所示。

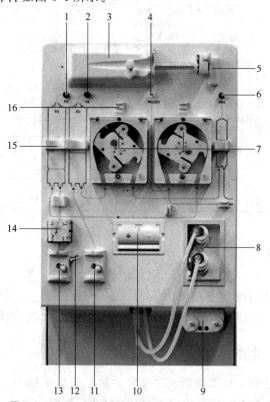

图 6-2 Dialog+ 血液透析滤过-联机系统前面板示意图

1—静脉压力传感器连接（蓝色）；2—动脉压力传感器连接（红色）；3—肝素泵；4—单针交互操作模式下调节静脉血泵用的压力传感器连接（白色）；5—注射器挡架；6—滤器前压力传感器连接（红色）；7—血液泵（根据基本机型，可能为一台或两台）；8—浓缩液杆冲洗室；9—连接中央浓缩液源（选项）；10—连接置换溶液给排管道（仅用于Dialog＋血液透析滤过-联机系统）；11—动脉管夹（用于 Dialog＋单泵机：只与"单针阀"选项配套）；12—静脉管夹手动打开杆；13—静脉管夹；14—安全空气探测器和红色传感器；15—单针血液管路系统血液室的固定件；16—血液管路系统的固定件

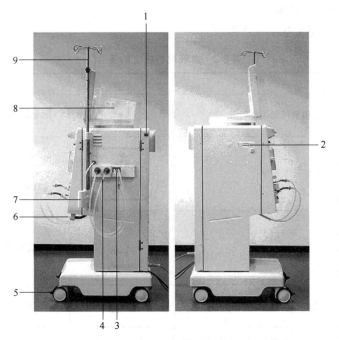

图 6-3　Dialog+ 血液透析滤过-联机系统侧面板示意图

1—电源开关；2—读卡器；3—连接透析器管路和冲洗桥；4—连接消毒剂；5—轮挡；6—连接中央浓缩液源（选项）；

7—碳酸氢盐干粉筒固定夹（Dialog＋HDF 联机系统标准配置，Dialog＋单泵和双泵机型选项配置）；

8—储存盘（盒）；9—输液支架（有些型号支架不可调节）

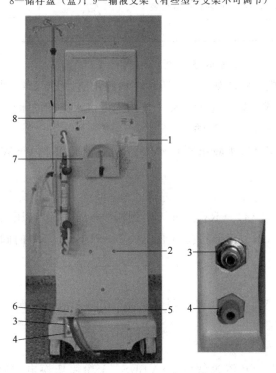

图 6-4　Dialog+ 血液透析滤过-联机系统后面板示意图

1—铭牌；2—消毒剂罐固定件；3—水进口；4—透析液出口；5—电源线；

6—接地连接；7—人工血液回流曲柄；8—可选的主电源位置

（2）血液透析机上的符号

血液透析机上的符号如表 6-2 所示。

表 6-2　血液透析机上的符号

符号	含义	符号	含义
 ⚠	使用前请阅读说明书	IP	防水级别
 👤	B 型应用部分	 👤	BF 类应用设备。 按照 DIN EN 60601-1/ IEC 601-1 标准分类
 电气接地符号	电气接地	 回收符号	分别回收电子及电气产品
 ◯	透析机关机	∼	交流电
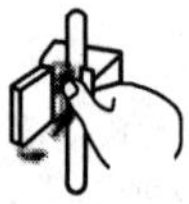 SAD 探测器示意图	安全空气探测器（SAD）和置换溶液管路的空气探测器示意图，显示管路的正确安装方法	 I	透析机开机
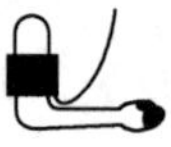 ABPM 示意图	连接选项中的自动血压监视装置（ABPM）	 👧	选配人员呼叫接口

（3）Dialog＋单泵透析机的水路分析

Dialog＋单泵透析机水路图如图 6-5 所示，水路由进水、除气、加热、配液、平衡腔超滤系统、消毒等部分组成。以下是 Dialog＋单泵透析机水路图的水路流程分析和各组成的配件名称和说明，其中带 * 的为选配件。

① 进水部分：DMV（进水减压阀）→VVBE（进水电磁阀）→WT*（热交换器）→VB（2/3）（2/3 水箱）。

动力：水机压力。

② 除气部分：VB（2/3）→RV（除气比例阀）→PE（除气压力传感器）→EK（除气室）→EP（除气泵）→LAB1*（干粉筒三通模块 1）→DBK*（单向阀）→H（加热棒）→VB（1/3）（1/3 水箱）。

动力：除气泵。

③ 主水路部分 A：VB（1/3）热水箱→混合水槽（A 液＋B 液＋反渗水）→FPE。

动力：FPE 正压泵。

④ B 液部分：

BE（B 液吸杆）→FB（B 液过滤网）→VBKS* 干粉筒切换电磁阀→FBIC（B 液过滤网 2）→LAB2*（干粉筒空气分离腔）→BICP（B 液泵）→RVB（B 液单向阀）。

动力：BICP（B 液泵）。

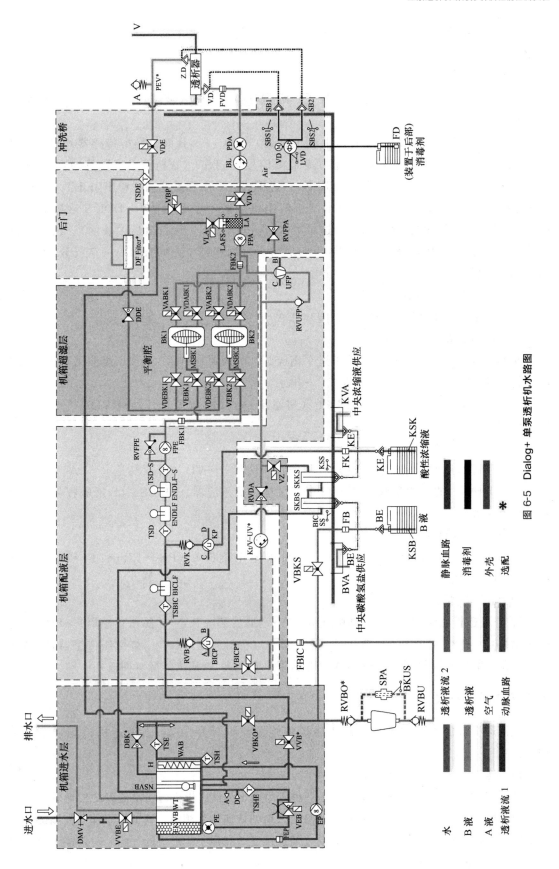

图 6-5　Dialog+ 单泵透析机水路图

⑤ 用干粉筒的回路：LAB1 * →VBKO（干粉筒进水电磁阀）→干粉筒→FBIC→LAB2→BICP→RVB。

动力：BICP（B 液泵）。

⑥ A 液部分：KE（A 液吸杆）→FK（A 液过滤网）→KP（A 液泵）→RVK（A 液单向阀）。

动力：KP（A 液泵）。

⑦ 主水路部分 B：TSBIC（B 液温度传感器）→BICLF（B 液电导率传感器）→ENDLF（总电导率传感器）→ENDLF-S（总电导率监测信号）→TSD（透析液温度传感器）→TSD-S（透析液温度监测）→FPE（正压泵）→FBK1（透析液进平衡腔过滤网）→VEBK1/2（透析液进平衡腔 1/2 电磁阀）→VDEBK2/1（透析液出平衡腔 2/1 电磁阀）→DDE（透析液节流阀）→VDE（透析液出机器电磁阀）→透析器/冲洗桥→FVD（透析器后过滤网）→PDA（透析液压力传感器）→BL（漏血传感器）→VDA（废液回机器电磁阀）→LA（空气分离室）→FPA（负压泵）。

动力：FPE 正压泵和 FPA 负压泵。

⑧ 旁路部分：DDE→VBP（旁路阀）→LA。

动力：FPE 正压泵和 FPA 负压泵。

⑨ 废液部分：VDABK2/1（废液进平衡腔 2/1 电磁阀）→VABK1/2（废液出平衡腔 1/2 电磁阀）→RVDA（废液节流阀）→WT*→出水口。

注：超滤部分由超滤泵通过，UFP（超滤泵）→FM*（流量计）→RVDA（废液节流阀）→WT*→出水口。

动力：FPA 负压泵。

⑩ 消毒循环回路（吸消毒液）：FD（消毒液桶）→VD（消毒马达）→LA→FPA→UFP→FM→VZ（循环电磁阀）→KSS（A 液吸杆位置感应器）→BICSS（B 液吸杆位置感应器）→VB（水箱）。

动力：UF（超滤泵）。

⑪ 空气分离回路：LA→VLA（空气分离室电磁阀）→PE→EK→EP→LAB1*→DBK*→H→VB。

动力：除气泵。

⑫ 普通透析血液回路：病人动脉（引血）→动脉管路→PA（动脉压传感器）→BPA（动脉蠕动泵）→HP（肝素泵）→动脉壶→透析器→（静脉管路）→PV（静脉压传感器）→静脉壶→SAD（静脉空气检测器）→SAKV（静脉管路安全夹）→病人静脉（回血）。

2. 血液透析检测仪

血液透析机的检测主要包括专用透析液检测流量计和 90XL 血液透析检测仪，连接如下：

（1）专用透析液检测流量计

如图 6-6 所示，透析液检测流量计是一种专门用于测量透析机透析液流量的玻璃转子流量计。两端接头 1 和 2 能分别与透析机透析液出入口的快速接头相连。其工作原理：被测透析液从下接头 2 处流入透析液检测流量计，向上经过锥管 3 和浮子 4 形成的环隙 5 时，浮子上下端产生的差压形成浮子上升的力；当浮子所受上升力大于浸在流体中的浮子重量时，浮子便上升，环隙面积随之增大，环隙处流体流速立即下降，浮子上下端差压降低，作用于浮子的上升力也随着减少，直到上升力等于浸在流体中的浮子重量时，浮子便稳定在某一高度。浮子在锥管中的高度对应通过的透析液流量，被测透析液从上接头 1 处流出透析液检测流量计。

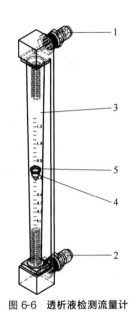

图 6-6　透析液检测流量计

图 6-7　90XL 血液透析检测仪

（2）90XL 血液透析检测仪

90XL 血液透析检测仪如图 6-7 所示，用于检测血透机内的透析液或者血透时使用的水。它主要检测的参数有电导率、温度、pH 值和压力，有电导率/温度、pH 值和压力三个探头，可以在同一时刻任意组合使用。90XL 血液透析检测仪由显示模块和探测模块组成。显示模块由大屏幕、微处理器、电路、键盘以及可充电的锂电池组成。独立的探测模块可用来检测电导率/温度、pH 值和压力等参数。探测模块包括从采样溶液中提取信号所适用的传感器以及后续的处理电路。三个不同的探头可以任意组合使用，并在屏幕上同时读取相应的参数值。仪器的技术指标如表 6-3 所示，满足标准对检测仪器的要求。

表 6-3　90XL 血液透析检测仪技术指标

技术指标		说明
电导率	量程	$0 \sim 200.0 \text{mS/cm}$
	分辨率	$0.1 \mu \text{S/cm}, 0 \sim 80 \mu \text{S/cm}$ $0.001 \text{mS/cm}, 0 \sim 22.00 \text{mS/cm}$ $0.01 \text{mS/cm}, 22.00 \sim 80.00 \text{mS/cm}$ $0.1 \text{mS/cm},$ 超过 80.00mS/cm
	精度	读数的 $\pm 0.25 \% + 0.002 \text{mS/cm}, 0 \sim 2.000 \text{mS/cm}$ 读数的 $\pm 0.10 \% + 0.002 \text{mS/cm}, 2.000 \sim 20.00 \text{mS/cm}$ 读数的 $\pm 0.25 \%, 20.0 \sim 80.0 \text{mS/cm}$ 读数的 $\pm 0.50 \%,$ 超过 80mS/cm
	温度补偿	$10 \sim 90 ℃$（最佳温度区间 $20 \sim 40 ℃$）

续表

技术指标		说明
温度	量程	10~90℃
	分辨率	0.01℃
	精度	±0.1℃
压力	量程	−600~+1600mmHg
	分辨率	0.1mmHg
	精度	±1.0mmHg,0~300mmHg 区间 读数的+/−0.5%+1mmHg,超过 300mmHg 时
pH	量程	0~14pH 单位
	分辨率	0.01pH 单位
	精度	±0.1pH 单位

三、实验内容与步骤

1. 贝朗 Dialog+ 血透机操作步骤

（1）安装体外循环管路

① 安装血液透析使用的体外循环系统 血液透析使用的体外循环系统如图 6-8 所示，安装管路系统时将透析器用透析器固定夹固定。将装有生理盐水溶液的袋子挂在输液吊杆上（每个钩最重可挂 2.5kg）。将血液管路系统的动脉接头与装有生理盐水溶液的袋子进行连接。不要开封。如果有动脉压测量管线，将动脉压的测量管路与动脉压传感器相连接。

打开血液泵的盖子，将连接患者的泵管一端插进泵头的配合孔隙。将泵头朝泵上箭头所指方向转动，盖上血泵的盖子，将压力传感器的接头（如果存在）与透析器血液侧进口压力（PBE）传感器的接头相连接。将动脉和静脉管路系统连接到透析器，注意观察颜色编号。

将静脉压测量管路连接到静脉压传感器。注意，压力测量管路不能扭绞或弯折，传感器应该拧紧。将静脉壶插进固定件，打开空气探测器的盖子，管子插进空气探测器并盖上盖子。将患者的静脉接头与空的袋子连接好。将血液管路系统插进固定件。

② 安装肝素注射器 肝素泵适合于在血

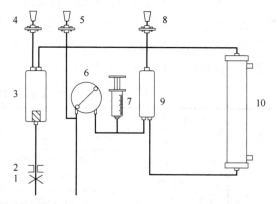

图 6-8 血液透析使用的体外循环系统示意图

1—血路管阀门；2—带静脉红色探测器的安全空气探测器；
3—静脉壶；4—静脉压传感器；5—动脉压传感器；
6—血泵；7—肝素泵；8—透析器前动脉压
力传感器（选项）；9—动脉壶；10—透析器

液泵下游正压区内进行肝素化的管路系统。肝素注射器的安装如图 6-9 所示。注射器挡块 5 设置好后应能看到注射器的规格，放开抬杆 4 并拉出驱动机构。提起并转动注射器支架 1。安装注射器，使抓板和压力板卡进导槽。如果注射器安装正确，抬杆机构会自动跳回。不要手动扳回抬杆机构。合上注射器支架，肝素管路排气：在安装注射器前应人工为肝素管路排气；或在开始进行透析之前，用肝素追加注射的方法为肝素管路排气。

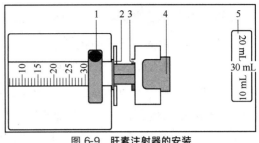

图 6-9　肝素注射器的安装

1—注射器支架；2—注射器抓板；3—夹子；

4—抬杆；5—注射器挡块

（2）Dialog＋单泵透析机操作步骤

① 开机。

② 选择自检（准备、声音、指示灯、12V 电压、漏血自检、水路压力、超滤泵），进入治疗 HD/HDF/HF。

③ 连接浓缩液　将红色吸杆接 A 液，蓝色接 B 液。

④ 连接透析液接头　当屏幕出现"将透析液快速接头连接到透析器上"的对话框时，连接相应接头并按回车键确认，观察透析液面上升。

⑤ 安装管路预充　安装动静脉管路和透析器（见安装体外循环管路），将动、静脉压力保护罩连接到机器上相应的传感器位置，按触摸屏框架下端的 (stop) 开启血泵进行管路预冲生理盐水，按"＋""—"键将血流量调节至所需值。建议在透析器没有充满盐水之前血流速不要超过 150mL/min。

⑥ 排气，调节壶液面　按常规排气（水平搓动，或透析器蓝端在上，红端在下），调节壶液面。排气结束后，使透析器蓝端在下，红端在上。注意，必须夹紧各种管路中的夹子，使血路系统全封闭。确认后，按回车键。

⑦ 血路系统压力自检　机器自动进行血路系统压力自检：空气检测器自检、血路压力传感器自检、血路双压力自检、血路密闭性自检（管夹自动夹住，静脉压将上升至 400mmHg，维持 30s）、消毒阀自检、旁路中。

⑧ 循管　自检后自动进入循管程序。该步骤将进行透析器超滤冲洗，冲洗时请保留 500mL 盐水。此步骤也可进行肝素循环冲洗。可以按图 🔄 调整冲洗时间和量，建议时间不低于 10～15min。为了提高相容性，减少首次综合征。

⑨ 设定治疗参数　在以上④～⑧任何步骤都可以进行参数设定。按 键进入参数设定。按 和 键设定治疗时间、超滤量、电导率（钠离子）值和使用曲线。按 键设定肝素相关参数和选择注射器型号。

⑩ 确认参数，引血上机　接 键上机，并按回车键确认参数。然后连接动脉，开启血泵。待引血到 SAD 时，机器会给出报警并停泵，此时连接静脉端到病人并开泵。按 键启动透析治疗，机器上方指示灯变为绿色，显示治疗状态正常。

HDF 治疗请点击 键，选择模式，然后按照医嘱选择前/后稀释并设定置换液量。

⑪ 查看治疗数据 治疗中按 图标可以查看与治疗相关数据和记录；点击 与 键可以查看报警和透析记录相关数据。

⑫ 下机 透析治疗结束或需要下机时，按 图标进行下机程序。此时血泵自动停止，断开动脉管路连至盐水袋，按回车键开启血泵。此时，体外循环管路中的血液通过静脉端回到病人体内，当盐水流至 SAD 时，报警将自动触发，血泵停止。此时，可断开静脉连接或按需进行再输注。

⑬ 透析器排水 病人下机后，可以按 图标将透析器内的透析液排空。将透析器蓝端向上，透析液蓝接头连接到冲洗桥的任一嘴上，按确认键后机器自动排空透析器。待排空后，将红接头也连接到冲洗桥上。

⑭ 消毒 断开病人之后，将 A/B 液吸杆放回机器相应位置，点击 键选择消毒模式。机器默认为是 50% 柠檬酸热消毒，按 键选择长时消毒，按 键选择短时消毒。建议两次透析之间选择短时消毒，当天末班治疗必须选择长时消毒。

⑮ 关机 如果当日需要连班，请按照步骤②～⑭重复进行。消毒结束之后，请退回治疗选择界面，关闭电源开关。若在消毒未完成时直接关机，再次开机时将继续消毒。如果需要自动关机，开始消毒后点击 图标即可。

⑯ 报警处理 报警时，AQ 灯及屏幕两侧状态指示灯均呈红色，同时有长鸣报警音，屏幕左下角有报警内容文字，同时机器自动进入旁路。按 AQ（消音）键一次消除报警音，但红灯不灭。消除报警原因后，再按一次 AQ（消音）键可解除报警，AQ 红灯灭，机器自动恢复透析状态，状态指示灯恢复绿色。

触摸屏上用于操作透析机的控制按钮的图标及意义见表 6-4。

表 6-4 触摸屏上用于操作透析机的控制按钮的图标及意义

图标	含义	图标	含义
	开启或停止血泵		调整冲洗时间和量
	设置治疗参数		调用并设置超滤数据
	调用并设置透析液数据		调用并设定肝素化数据
	变换至治疗模式		通过主管路的透析-透析液流经透析器
	改变血液透析滤过/血液滤过-联机系统设定值		调用总览屏幕

续表

图标	含义	图标	含义
	调用治疗过程不同参数的图形显示		确定图形显示参数的选择
	变换至"治疗结束"模式		排空透析器-将透析液从透析器里虹吸吸出
	调用消毒屏幕		启动消毒程序
	启动简易消毒/清洁		消毒之后激活透析机的自动关机功能

2. 血液透析机检测步骤

（1）流量检测

将透析液检测流量计两端接头分别连接到透析机的透析液进口和出口的快速接头处，透析液从下向上经过锥管和浮子形成的环隙，当浮子稳定在某一高度时，所显示的值就是透析液的流量值。

（2）电导率/温度检测

① 电导率/温度离线测量方法：将电导率/温度传感器电缆线插入 90XL 血液透析检测仪传感器接口 1～4 中的任意插孔中，将检测液样品（A 液、B 液或配好的透析液）分别倒入样品盒，将电导率/温度传感器一端接头插入样品盒中电导率插孔中，另一端插入注射器，拉动注射器使测试液流过。测量操作方法如图 6-10 所示，90XL 血液透析检测仪会显示电导率和温度数值。还可以根据需要选择电导率/温度的不同测量单位，如图 6-11 所示。

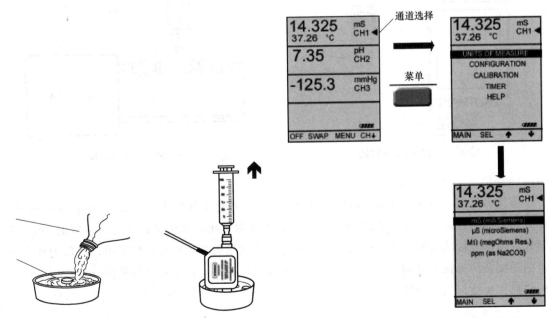

图 6-10 样品的电导率/温度测量操作方法示意图   图 6-11 电导率/温度数值显示和单位选择方法

② 在线测量：将电导率/温度传感器电缆线插入 90XL 血液透析检测仪传感器接口 1～4 中的任意插孔中，将电导率/温度两端接头分别连接到透析机的透析液进口和出口的快速接头处，当透析液流过电导率/温度传感器时，即在 90XL 血液透析检测仪显示电导率和温度数值。测量方法如图 6-12 所示。

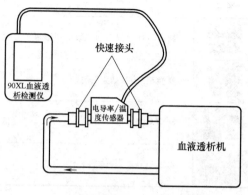

图 6-12　电导率/温度在线测量示意图

（3）pH 检测

① pH 离线测量方法：将 pH 传感器电缆线插入 90XL 血液透析检测仪传感器接口 1、2、3、4 中任意插孔中，将检测液样品（透析用水、A 液、B 液或配好的透析液）分别倒入样品盒，将 pH 值传感器一端接头插入样品盒 pH 插孔中，即在 90XL 血液透析检测仪显示 pH 数值。测量方法如图 6-13 所示。

② pH 在线测量方法：将 pH 传感器电缆线插入 90XL 血液透析检测仪传感器接口 1、2、3、4 中任意插孔中，将 pH 传感器一端接头插入 pH 在线测量的适配器中，将 pH 在线测量的适配器两端接头分别连接到透析机的透析液进口和出口的快速接头处，当透析液流过 pH 传感器时，即在 90XL 血液透析检测仪显示 pH 数值。在线 pH 测量方法如图 6-14 所示。

图 6-13　样品的 pH 值测量

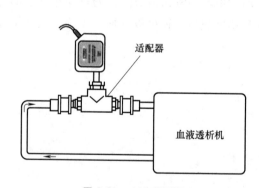

图 6-14　pH 在线测量

（4）透析器前端压力在线测量

将压力传感器电缆线插入 90XL 血液透析检测仪传感器接口 1、2、3、4 中任意插孔中。压力传感器的连接方向如图 6-14 所示。由于透析液为负压，测量时将压力传感器的 open 端朝外，将压力传感器的另外一端接头插入压力在线测量的连接管和适配器中，将压力在线测量的适配器两端接头分别连接到透析机的透析液出口的快速接头和透析器的蓝端透析液进口的快速接头处，当透析液流过时，即在 90XL 血液透析检测仪显示压力数值。测量方法如图 6-15 所示。

（5）电导率/温度、pH、压力在线组合检测

将电导率/温度、pH、压力传感器电缆线分别插入 90XL 血液透析检测仪传感器接口中，将各传感器接头分别插入在线测量的连接管和适配器中，将在线测量的连接管两端接头分别连接到透析机的透析液出口和进口的快速接头处，当透析液流过时，即在 90XL 血液透析检测仪显示电导率/温度、pH、压力数值。测量方法如图 6-16 所示。

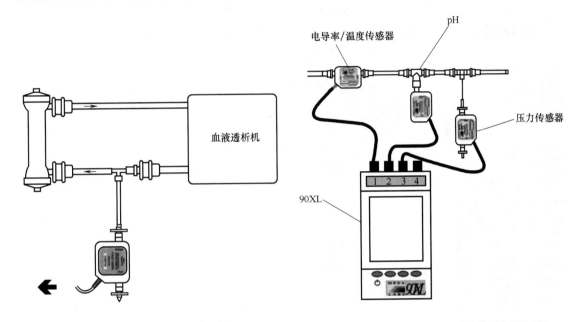

图 6-15　透析器前端压力在线测量　　　　图 6-16　电导率/温度、 pH、压力在线组合测量方法

四、实验报告

1. A 透析液、B 透析液、透析液检测。

分别将 A 透析液、B 透析液、透析液倒入样品盒（其中透析液的取用方法：取下透析机透析液的蓝色快速接头，从接头处流出配好的透析液）。

参数	透析用水	A 液	B 液	透析液	允许值
电导率					
pH 值					
温度					

2. 贝朗 Dialog＋血透机在线测试。

参数	标准设定值	被检透析机示值	透析机检测仪示值	允许值
流量				
电导率				
pH 值				
温度				
压力				

3. 找到透析机上的图标，并说明这些图标的含义。

4. 血液透析机有何主要功能？说明其操作步骤。
5. 找到血路系统各种元器件，并说明其在管路中的作用。
6. 找到水路系统各种元器件，并说明其在管路中的作用。

实验七
呼吸机结构分析及性能检测实验

一、实验理论与基础

呼吸机（Mechanical Ventilation）是指在临床医疗中进行肺通气的机械通气装置，是重症监护病房必备设备之一。呼吸机的治疗作用是增加通气量，改善换气功能及减少呼吸功。呼吸机的基本原理是将医用空气和氧气混合，按一定的通气模式和呼吸气道力学参数（潮气量、通气频率、吸呼比、吸气压力水平、呼气末正压和吸气氧浓度等），通过病人管路将空氧混合气体传送给患者，用以强制或辅助患者呼吸，从而维持患者的呼吸功能。吸气时，呼吸机能将空气、氧气或空氧混合气，压入气管、支气管和肺内，产生或辅助肺间歇性膨胀；呼气时，既可利用肺和胸廓的弹性回缩，使肺或肺泡自动地萎陷，排出气体，也可在呼吸机帮助下排出气体，产生呼气。

1. 呼吸机的基本结构与组成

呼吸机的组成如图 7-1 所示，由呼吸机主机、供气部分、辅助装置三部分组成。呼吸机主机主要包括吸气模块、呼气模块、控制部分、监测系统和调节功能区。呼吸机的主要部件如图 7-2 所示。其中，吸气模块包括空氧混合器、流量传感器、压力传感器、氧浓度传感器和安全开关等；呼气模块包括主动呼气阀、流量传感器、压力传感器等。

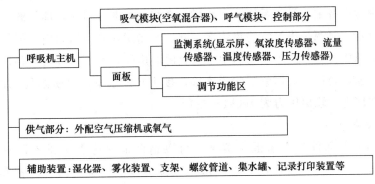

图 7-1　呼吸机的组成

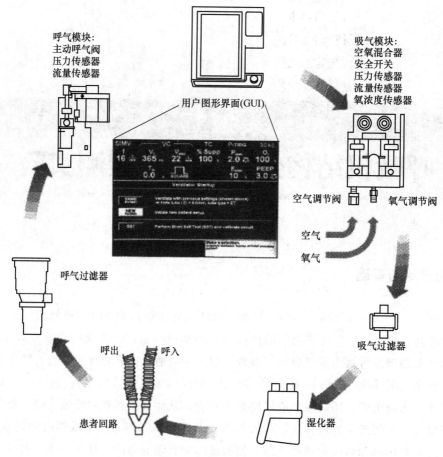

图 7-2　呼吸机的主要部件

（1）供气部分

空气压缩系统是呼吸机的气动力源，它采用的是无油、洁净、低噪声、膜片式双缸空气压缩机，将空气压缩成具有一定流量和压力的压缩空气源，输出压力为 400kPa（3～4kgf/cm^2）左右，通过气路传输系统供主机调节使用。

氧气可以由医用氧气压缩气筒减压后使用，也可以由中心供氧系统提供。氧气压缩气筒的最高使用压力为 15199kPa（150kgf/cm^2），有发生爆炸的可能性，因此必须加强管理。在大型综合医院中常设有中心供氧系统。中心供氧系统由三部分组成，即氧源、输送管道及墙式减压表和流量计。氧源是将氧气筒集装在一起，并储藏在专用房间内，氧气筒连接到总管道，并装配一个总压力表，然后输出。中心供氧源的房间附近不可以有火种，并应上锁，由专人值班管理。输送管道一般用紫铜软管连接，接头必须紧密，以防漏气，并需经常检查。墙式减压表装在墙上，输出压力为 400kPa 左右。

（2）吸气模块

吸气模块的关键部件是空氧混合器，它可以精确地向患者提供不同氧浓度的气体，可调范围为 21%～100%。空氧混合器一般由三部分构成：平衡阀、配比阀、安全装置。当压缩空气和氧气进入平衡阀后，经一级和二级平衡，气体压力均等，经过配比阀可形成不同的氧浓度。图 7-3 中，①和②分别为 O_2/压缩空气入口；③为配比阀，配比不同氧浓度；④为混合腔，腔内有混合瓣搅动气流；⑤为氧浓度传感器，O_2 传感器由滤菌器加以保护；⑥为吸气压力传感器，测量至患者的混合气体压力，也用滤菌器加以保护；⑦为配有安全阀的吸气通道。

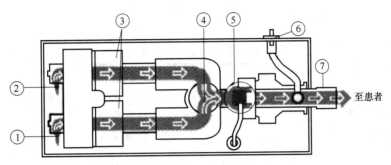

图 7-3　吸气模块

（3）呼气模块

呼气模块如图 7-4 所示。图中，⑧为配有一个除湿器的呼气入口。⑨为流量传感器，用于测量患者实际吸入肺的气体量。患者的潮气量通常是在呼出道中测量，由于该处的气体没有压缩，更能准确反映实际吸入肺的气体量（潮气量）。⑩为呼气压力传感器，用于测量呼气压力（位于呼吸机内部）。该传感器同样也要有滤菌器加以保护。⑪为用于调节呼气末压力的调节阀（PEEP 阀），主要功能是配合呼吸机做呼气动作。在吸气时关闭，使呼吸机提供的气体能全部供给患者。在吸气末，呼气阀仍可以继续关闭，使之屏气。在呼气时打开，使之呼气。当气道压力低于呼气末正压（Positive End-Expiratory Pressure，PEEP）时，呼气部分关闭，维持 PEEP。⑫为呼气出口，通常在出口处配有一只单向阀。

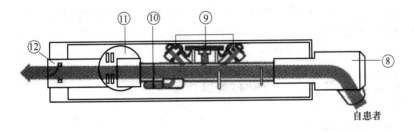

图 7-4　呼气模块

（4）安全阀

安全阀有两种：一种为呼气安全阀，其结构大多采用直动式溢流阀。其工作原理是将溢流阀与气道系统相连接，当后者的压力在规定范围内时，由于气压作用于阀板上的力小于弹簧的压力，阀门处于关闭状态。当气道系统的压力升高，作用于阀板上的压力大于弹簧上的压力时，阀门开启，排出气体，直至气道压降至规定范围之内，阀门重新关闭。因此，这种安全阀能保证病人气道压在一个安全范围之内，防止气压伤。另一种安全阀为旁路吸入阀。在呼吸机正常工作时，该阀关闭。一旦供气中断，随病人吸气造成的管道负压可推动阀板，使空气进入管道系统，保证病人供气，避免窒息。

（5）控制部分

控制部分分为气控、电控、计算机控制三种类型。

（6）监测系统

监测系统主要对患者呼吸状况和呼吸机功能状况进行监测。

① 压力监测：通过压力传感器进行监测。主要有压力限度报警、PEEP、气道峰压和平台压等。

② 流量监测：在呼气端装有流量传感器，监测呼出气潮气量，并与吸气潮气量进行比较。可判断机器使用状态、机器连接情况和患者情况。

③ 氧浓度监测：安装在吸气部分，监测呼吸机输出氧浓度，保证吸入所需氧浓度的新鲜空氧混合气体。

（7）辅助装置

辅助装置通常有湿化器、雾化装置、支架、管路、集水罐等。

① 湿化器：连接在呼吸机外部吸气回路上，能对患者吸入的气体进行加温和加湿的装置。临床上常用加热湿化器或热湿交换器。

加热湿化器通常采用水容器中放置加热板或加热丝直接加热的方式，当患者吸气气流经过水时带走水蒸气，达到湿化目的。加热湿化器的温度通常设置在 $32 \sim 36 \, ℃$ 之间，使进入气体接近于体温，相对湿度保持在 95% 以上。热湿交换器（HME）亦称人工鼻，为一次性消耗品，其内部有化学吸附剂，当患者呼出气体时能留住水分和热量，吸入气体时则可以湿化和温化。用于如乙型肝炎或结核等阳性的患者更有优越性。

② 雾化装置：一般为纯氧驱动，工作 30min 后自动关闭。

③ 支架：承担呼吸机管路重量，避免重力作用于患者。支架可调节高低和旋转方向，以符合患者需要，保证患者舒适感。

④ 管路：分为吸气管路和呼气管路。常为塑料或硅胶制作的螺纹管。

⑤ 集水罐：放置于吸气管路和呼气管路上。由于人工管路需要湿化，常有冷凝水存积，如果停留在管路上，常造成呼吸机的误触发，以及影响胸部的物理检查。管路内的冷凝水还是呼吸机相关感染的来源，应及时收集并弃去，以免流入患者气道造成呛咳和医源性感染。

2. 呼吸机的主要技术性能

① 通气模式（Ventilation Mode）：通气模式是指呼吸机的机械通气治疗方法，是通气参数与触发机制的有效组合，反映了呼吸机对病人吸气的控制、辅助或支持程度。

常用的通气模式包括容量控制通气（Volume Control Ventilation，VCV）、压力控制通气（Pressure Control Ventilation，PCV）、同步间歇指令通气（Synchronized Intermittent Mandatory Ventilation，SIMV）等。

② 气体流量（Gas Flow）：单位时间内患者吸入或呼出气体的体积，单位为升/分（L/min）。

③ 潮气量（Tidal Volume，V_T）：患者单次吸入或呼出气体的体积，对呼吸机而言，是指机器每次向患者传送的混合气体的体积，单位为毫升或升（mL 或 L）。潮气量的设置要根

据患者的情况来定。一般成人为 300～1000mL，小儿为 50～300mL，婴儿为 30～150mL。

④ 呼吸频率（Frequency，f）：每分钟以控制、辅助或自主方式向患者送气的次数，单位为次/分。

⑤ 分钟通气量（Minute Volume，MV）：患者每分钟吸入或呼出的气体体积，对呼吸机而言，是指仪器每分钟向患者传送的混合气体的体积。分钟通气量等于潮气量乘以呼吸频率，单位为毫升/分或升/分（mL/min 或 L/min）。

⑥ 吸呼比（$I：E$）：吸气时间与呼气时间的比值。

⑦ 吸气氧浓度（Fractional Concentration of Inspired Oxygen，FiO_2）：患者吸入的混合气体中，氧气所占的体积百分比。

⑧ 吸气压力水平（Inspiration Pressure Level，IPL）：在压力控制或压力支持模式下，呼吸机以该设定压力为患者送气，单位为 kPa。

⑨ 气道峰压（Airway Peak Pressure，P_{peak}）：气道压力的峰值，单位为千帕（kPa）。

⑩ 呼气末正压（PEEP）：呼气末气道压力值，单位为千帕（kPa）。

⑪ 模拟肺（Test Lung）：模拟患者胸肺特性（肺顺应性和气道阻力参数为固定、分挡或可调）的一种机械通气负载，包括成人型模拟肺、婴幼儿型模拟肺或混合型模拟肺。

⑫ 肺顺应性（Lung Compliance，C）：单位压力内，肺所能够容纳的气体体积，单位为毫升/千帕（mL/kPa）。

⑬ 气道阻力（Airway Resistance，R）：单位流量内，气道所能产生的压力值，单位为千帕/（升·秒$^{-1}$）[kPa/（L·s^{-1}）]。

⑭ 吸气时间（Inspiration Time）：吸气开始至呼气开始的间隔时间，吸气时间包括送气时间和屏气时间。

⑮ 累积容量（Stacked Volume）：连续几次呼吸的总容量，可用于分析潮气量和分钟通气量。

⑯ 触发灵敏度（Trigger Sensitivity）：反映了病人自主吸气触发呼吸机的做功大小。病人自主从呼吸机内吸入少量的气体，可引起呼吸机内气体压力、流速和容量的变化，这些变化被感知系统感知，触发呼吸机通气。

⑰ 报警（Alarm）：呼吸机在抢救和治疗过程中常常夜以继日地连续工作，为了在呼吸机出现某种故障现象时能及时得到处理，一般呼吸机都装有漏气、通气量不足、停电等报警装置，以提醒医务人员注意并及时采取措施，确保病人安全。

3. 呼吸机的参数检测要求

呼吸机是一种高风险设备，相关机构及部门十分重视其质量问题，国家计量管理部门制定了如下规范和标准，以保障呼吸机的安全使用。

① JJF 1234—2018《呼吸机校准规范》。

② GB 9706.28—2006《医用电气设备 第 2 部分：呼吸机安全专用要求 治疗呼吸机》。

③ YY 0042—2018《高频喷射呼吸机》。

④ YY 0600.3—2007《医用呼吸机 基本安全和主要性能专用要求 第 3 部分：急救和转运用呼吸机》。

⑤ YY 0635.4—2009《吸入式麻醉系统 第4部分：麻醉呼吸机》。

⑥ YY 0600.1—2007《医用呼吸机 基本安全和主要性能专用要求 第1部分：家用呼吸支持设备》。

JJF 1234—2018《呼吸机校准规范》中对呼吸机各种参数的检测要求如下。

（1）计量特性

① 潮气量　对于输送潮气量（V_T）>100mL 或分钟通气量>3L/min 的呼吸机，相对示值误差不超过±15%。对于输送潮气量≤100mL 或分钟通气量≤3L/min 的呼吸机，应满足使用说明书的精度要求。

② 通气频率　通气频率（f）最大输出误差：设定值的±10% 或±1 次/min，两者取绝对值大者。

③ 气道峰压　气道峰压（P_{peak}）最大允许误差：±（2%FS+4%×实际读数）。

④ 呼气末正压　呼气末正压（PEEP）最大允许误差：±（2%FS+4%×实际读数）。

⑤ 吸气氧浓度　吸气氧浓度（FiO_2）体积分数在 21%～100% 范围内，最大允许误差为±5%（体积分数）。

（2）校准条件

① 呼吸机测试仪校准要求

a. 流量范围：0.5～180L/mim；最大允许误差：±3%。

b. 潮气量：0～2000mL；最大允许误差：±3% 或者±10mL。

c. 呼吸频率：1～80 次/分；最大允许误差：±3%。

d. 压力范围：0～10kPa；最大允许误差：±0.1kPa。

e. 吸气氧浓度：21%～100%；最大允许误差：±2%（体积分数）。

② 模拟肺

a. 模拟肺容量：0～300mL 和 0～1000mL。

b. 顺应性：50mL/kPa、100mL/kPa、200mL/kPa 和 500mL/kPa，可根据需要进行选择。

c. 气道阻力：0.5kPa/(L·s^{-1})、2kPa/(L·s^{-1}) 和 5kPa/(L·s^{-1})，可根据需要进行选择。

（3）校准项目和校准方法

呼吸机的校准项目包含：外观及功能性检查，潮气量、呼吸频率、气道峰压、呼气末正压、吸气氧浓度的检测。

① 潮气量　潮气量的检测包括：正确连接被校准呼吸机、呼吸机测试仪和模拟肺。根据呼吸机的类型，分别连接模拟肺和成人或婴幼儿呼吸管路，并按表7-1或表7-2中的条件和参数对潮气量进行校准。

a. 成人型呼吸机（Adult Ventilator）。在 VCV 模式、f=20 次/min、$I:E$=1:2、PEEP=0.2kPa 或最小非零值、FiO_2=40% 的条件下，分别对 400mL、500mL、600mL、800mL、1000mL 等潮气量校准点进行校准，设定条件见表7-1。每个校准点分别记录 3 次呼吸机潮气量监测值和测试仪潮气量测量值。

表 7-1　成人型呼吸机潮气量校准表

可调参数	模拟肺(0～1000mL)				
	VCV 模式, $f=20$ 次/分, $I:E=1:2$, PEEP $=0.2$kPa, $FiO_2=40\%$				
设定值/(mL/次)	400	500	600	800	1000
顺应性/(mL/kPa)	200	200	200	500	500
气道/[kPa/(L·s⁻¹)]	2	2	2	0.5	0.5

b. 婴幼儿型呼吸机（Pediatric Ventilator）。在 VCV 模式、$f=30$ 次/分、$I:E=1:$ 1.5、PEEP $=0.2$kPa 或最小非零值、$FiO_2=40\%$ 的条件下，分别对 50mL、100mL、150mL、200mL 和 300mL 等潮气量校准点进行校准，设定条件见表 7-2。每个校准点分别记录 3 次呼吸机潮气量监测值和测试仪潮气量测量值。

表 7-2　婴幼儿型呼吸机潮气量校准表

可调参数	模拟肺(0～300mL)				
	VCV 模式, $f=30$ 次/min, $I:E=1:1.5$, PEEP $=0.2$kPa, $FiO_2=40\%$				
设定值/(mL/次)	50	100	150	200	300
顺应性/(mL/kPa)	50	50	100	100	100
气道/[kPa/(L·s⁻¹)]	5	5	2	2	2

c. 潮气量相对示值误差按式（7-1）计算。

$$\delta = \frac{\overline{V}_0 - \overline{V}_m}{\overline{V}_m} \times 100\% \tag{7-1}$$

式中　δ——被校准呼吸机潮气量相对示值误差，%；

$\overline{V}_0$——被校准呼吸机潮气量 3 次监测值的算术平均值，mL；

$\overline{V}_m$——测试仪潮气量 3 次测量值的算术平均值，mL。

② 呼吸频率　呼吸频率的检测：连接好被校准呼吸机、呼吸机测试仪和模拟肺后，在 VCV 模式、$V_T=400$mL、$I:E=1:2$、PEEP $=0.2$kPa、$FiO_2=40\%$ 的条件下，分别对 40 次/min、30 次/min、20 次/min、15 次/min 和 10 次/min 等呼吸频率校准点进行校准。每个校准点分别记录 3 次呼吸机呼吸频率监测值和测试仪呼吸频率测量值。

呼吸频率相对示值误差按式（7-2）计算。

$$\delta = \frac{\overline{f}_0 - \overline{f}_m}{\overline{f}_m} \times 100\% \tag{7-2}$$

式中　δ——被校准呼吸机呼吸频率相对示值误差；

$\overline{f}_0$——被校准呼吸机呼吸频率 3 次监测值的算术平均值，次/min；

$\overline{f}_m$——测试仪呼吸频率 3 次测量值的算术平均值，次/min。

③ 气道峰压　气道峰压的检测：连接好被校准呼吸机、呼吸机测试仪和模拟肺后，在 PCV 模式、$f=15$ 次/min、$I:E=1:2$、PEEP $=0$、$FiO_2=40\%$ 的条件下，分别对呼吸机 1.0kPa、1.5kPa、2.0kPa、2.5kPa 和 3.0kPa 等气道峰压校准点进行校准。每个校准点分别记录 3 次呼吸机气道峰压监测值和测试仪气道峰压测量值。

气道峰压示值误差按式（7-3）计算。

$$\delta = \overline{P}_0 - \overline{P}_\mathrm{m} \tag{7-3}$$

式中　δ——被校准呼吸机气道峰压示值误差，kPa；

　　　$\overline{P}_0$——被校准呼吸机气道峰压 3 次监测值的算术平均值，kPa；

　　　$\overline{P}_\mathrm{m}$——测试仪气道峰压 3 次测量值的算术平均值，kPa。

④ 呼气末正压　呼气末正压的检测：连接好被校准呼吸机、呼吸机测试仪和模拟肺后，在 PCV 或 VCV 模式、IPL＝2.0kPa 或 V_T＝400mL、f＝15 次/min、I：E＝1：2、FiO_2＝40％的条件下，分别对呼吸机 0.2kPa、0.5kPa、1.0kPa、1.5kPa 和 2.0kPa 等呼气末正压校准点进行校准。每个校准点分别记录 3 次呼吸机呼气末正压监测值和测试仪呼气末正压测量值。

⑤ 吸气氧浓度　吸气氧浓度的检测：连接好被校准呼吸机、呼吸机测试仪和模拟肺后，在 VCV 模式、V_T＝400mL、f＝15 次/min、I：E＝1：2、PEEP＝0.2kPa 的条件下，分别对 21％、40％、60％、80％和 100％等吸气氧浓度校准点进行校准。每个校准点分别记录 3 次呼吸机吸气氧浓度监测值和测试仪吸气氧浓度测量值。

吸气氧浓度示值误差按式（7-4）计算。

$$\delta = \overline{m}_0 - \overline{m}_\mathrm{m} \tag{7-4}$$

式中　δ——被校准呼吸机吸气氧浓度示值误差，％；

　　　$\overline{m}_0$——被校准呼吸机吸气氧浓度 3 次监测值算术平均值，％；

　　　$\overline{m}_\mathrm{m}$——测试仪 3 次测量值的算术平均值，％。

二、实验设备与器材

本实验采用 VT PLUS HF 气流分析仪、SMS 模拟肺、美国 Fluke Biomedical 公司生产的 ACCU LUNG 模拟肺或英国德尔格公司生产的机械模拟肺以及 TES 噪音计对 Evita 4 型呼吸机进行检测。主要检测参数为：潮气量、呼吸频率、吸呼比、吸气压力、呼气末正压、吸入氧浓度和分钟通气量。另外利用 TES 噪声计对呼吸机噪声进行检测。

1. 德尔格 Evita 4 型呼吸机

德尔格 Evita 4 型呼吸机（如图 7-5 所示）是一款危重症治疗呼吸机，采用伺服比例控制原理，配有湿化器、空压机、台车、呼吸管路等，具有多种通气模式，并配有双向气道正压通气 BIPAP 和自动流量调节 Autoflow，全程支持患者的自主呼吸，易于操作。

（1）调节通气模式

Evita 4 的通气模式有 IPPV、BIPAP、SIMV、ASB、CPAP、MMV、APRV。其中 IPPV、BIPAP、SIMV、ASB 为默认设置。

① IPPV（Intermittent Positive Pressure Ventilation）间歇正压通气　不管病人自主呼吸的情况如何，均按预调的通气参数为病人间歇正压通气，主要用于无自主呼吸或自主呼吸很微弱的病人及手术麻醉期间应用肌肉松弛剂者。

　　通气参数有：潮气量 V_T、吸气流量 Flow、通气频率 f、吸入时间 T_{insp}、吸气氧浓度 FiO_2、呼气末正压 PEEP。

　　IPPV 的参数设置和波形监测界面见图 7-6。

图 7-5　德尔格 Evita 4 型呼吸机

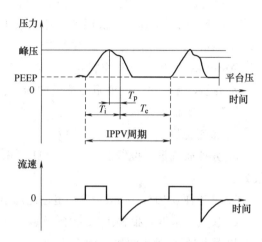

图 7-6　IPPV 的参数设置和波形监测界面

　　② BIPAP（Biphasic Positive Airway Pressure）双向气道正压通气　BIPAP 是压力控制模式（PCV）和自主呼吸 CPAP 的平行结合。病人实际得到的分钟通气量是机械分钟通气量和自主呼吸分钟通气量得到的总和。

　　通气参数有：吸气压力 P_{insp}、通气频率 f、吸入时间 T_{insp}、吸气氧浓度 FiO_2、呼气末正压 PEEP、压力支持 P_{ASB}、压力上升时间。

　　③ SIMV（Synchronized Intermittent Mandatory Ventilation）同步间歇性指令通气　病人间隔一定的时间（可调）执行同步 IPPV，若在等待触发时期（触发窗）内无自主呼吸，在触发窗结束时呼吸机自行给予 IPPV；在执行 IPPV 时，由呼吸机按预调的频率、潮气量、吸气时间等供给，若在等待触发时期（触发窗）内有自主呼吸，自主呼吸的潮气量和频率由病人控制。这种自主呼吸和 IPPV 有机结合的通气模式，保证了病人的有效通气，无人机对抗，适当调节 SIMV 的频率，有利于锻炼患者的呼吸功能。临床上 SIMV 已成为撤离呼吸机前的必用手段。

　　通气参数有：潮气量 V_T、通气频率 f、吸入时间 T_{insp}、吸气氧浓度 FiO_2、呼气末正压 PEEP、压力支持 P_{ASB}、压力上升时间。

　　SIMV 的气道压力和流速见图 7-7。

　　④ ASB（Assisted Spontaneous Breathing）辅助自主呼吸　用于自主呼吸不能完全满足需要时的压力支持。

　　当自主吸气流量达到流量触发的设定值

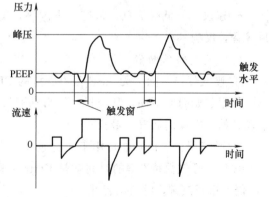

图 7-7　SIMV 的气道压力和流速

时开始 ASB 压力支持。潮气量、流速、吸气时间取决于病人。ASB 可作为 SIMV、BIPAP、

CPAP、MMV 的辅助通气功能。

⑤ 扩大通气功能的参数

a. Sigh（叹息）：用于肺不张症的预防性治疗。

可通过启动叹息功能并以间歇 PEEP 的形式设置叹息来预防肺不张症，被激活后根据设定值，在每 3min 里提高 2 次同期的呼气末压力。在 IPPV 、MMV 中都可以采用 Sigh。

b. Autoflow：用于自动调节吸气流量。

Autoflow 可以减小并控制吸气气流。它依照预先所设潮气量和当前肺的顺应性对气流量自动调整，无管路、气道阻力造成的峰压。在 IPPV 、SIMV 中都可以采用 Autoflow。

（2）设定报警范围

① 报警范围

a. 分钟通气量：报警上限 0.1～41L/min，报警下限 0.01～40L/min，不在此范围内则报警。

b. 气道压：10～100mbar❶，超过此阈值则报警。

c. 吸气氧浓度：报警上限 60％及以上±6％，超过报警上限至少 20s 报警；报警下限 60％以下±4％，低于报警下限至少 20s 报警。

d. 呼气末二氧化碳浓度：报警上限 1～100mmHg，报警下限 0～99mmHg，不在此范围内则报警。

e. 吸入气体温度：如果吸入气体温度达到 40℃则报警。

f. 窒息报警时间：如果发现没有自主呼吸 5～60s，则报警。

g. 停电：Evita 4 可以忍耐 10ms 以下的停电，对通气没有影响，停电超过 10ms 则报警。

② 报警级别：

a. 警告——最高级别信息，红灯闪亮，警告信息背景为红色，呼吸机将连续发出 5 次报警音，响 2 次，每隔 7s 重复一次。

b. 警示——中级信息，黄灯闪亮，警告信息背景为黄色，呼吸机将连续发出 3 次报警音，每隔 20s 重复一次。

c. 建议——低级信息，黄灯一直闪亮，警告信息背景为黄色，呼吸机将连续发出 3 次报警音，仅响一次。

（3）设定特殊功能

① 吸气保持　除了无 ASB 压力支持的 CPAP 模式外，该功能适用于所有模式。

根据起始时间不同，呼吸机一次自动通气最多可延长至 15s，在两次自动通气之间，可手动开始一次新的通气，最长 15s。

② 呼气保持　该功能可用于所有通气模式。

按住"呼气保持"键的时间就是 Evita 4 型呼吸机将停留在呼气状态的时间，如果超过 15s 仍不松开该键，呼气将停止。

③ 药物雾化　成人通气模式中：雾化吸入可用于所有通气模式。药物雾化将使治疗用

---

❶ $1bar = 10^5 Pa$。

的吸入剂与吸气同步，并自动保持设定好的分钟通气量恒定。

（4）软件功能模块

① 设置页面　用于显示和设定参数，屏幕右下方有选择通气模式的屏幕键。设置页面示意图如图 7-8 所示。

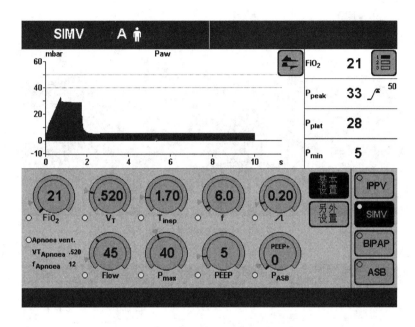

图 7-8　设置页面示意图

黑色屏幕键显示正在工作的通气模式，屏幕左下方有屏幕控制旋钮，旋钮上有目前通气模式的相关设定参数：吸气氧浓度 FiO_2、潮气量 V_T、吸气时间 T_{insp}、通气频率 f、压力上升时间、吸气流速 Flow、呼气末正压 PEEP、压力支持 P_{ASB}。

如果需要改变参数值，可以触摸相关屏幕键，再旋转中央旋钮来调节参数设定值，最后按下中央旋钮来确认数值即可。

② 报警极限页面　用于显示：测定值和相应的报警极限，设定报警极限，调节监测功能，记录本。报警极限页面示意图如图 7-9 所示。

监测的参数有：分钟通气量、自主呼吸频率、吸气潮气量、气道压、窒息报警时间、呼气末二氧化碳浓度。

设定报警范围时，触摸相应的屏幕键，颜色变黄表明可以开始设定报警范围。旋转中央旋钮来调节参数设定值，按下旋钮，颜色由黄变绿表明该设定已被确认并起效。

③ 测量值页面　用于显示：以表格形式出现的测量值，图形变化趋势，呼吸环，记录本。表格、趋势、呼吸环、记录本都可以通过屏幕右边的屏幕键选择。测量值页面示意图如图 7-10 所示。

图形变化趋势测试可以长时间监测一个重要的呼吸参数，第一次呼吸测得的呼吸参数值作为原始值，以后每次呼吸测得的数值都与此原始值作比较，如果超过设定的误差，则记录一次异样事件。

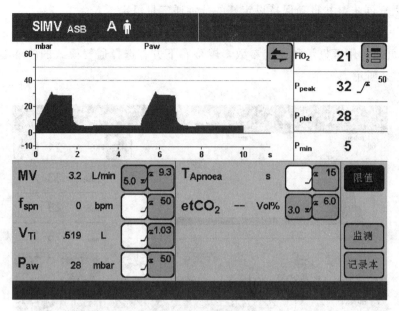

图 7-9　报警极限页面示意图

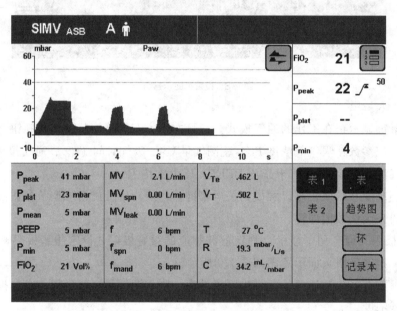

图 7-10　测量值页面示意图

　　趋势监测的参数主要有潮气量、分钟通气量、呼吸频率、平均气道压、气道峰压等主要参数。可以同时显示 2 个测量值的趋势，如分钟通气量和通气频率。若要显示其他测量值的趋势，可触摸相关屏幕键。

　　呼吸环是根据两对测量值绘出的图形，各自代表其通气周期，如容量流量环和容量压力环，各自代表其通气周期。

　　记录本按时间顺序存储记录着呼吸机的所有设置和警报。触摸"记录本"屏幕键，可以查看呼吸机至开机起的所有设置和报警。

2. VT PLUS HF 气流分析仪

VT PLUS HF 气流分析仪是一款由美国 Fluke Biomedical 公司生产的通用气流分析仪。

使用 VT PLUS HF 气流分析仪检测呼吸参数，可快速准确地测量压力、流速、流量、氧浓度等参数，并显示流速、流量和压力波形。配备的相应软件可安装在 PC 上，直接通过显示器观察测试数据和波形。该设备外形如图 7-11 所示。

图 7-11　VT PLUS HF 气流分析仪外形

VT PLUS HF 气流分析仪内部电路由主控板、阀板和电源板构成。传感器包括压力传感器、流量传感器和氧浓度传感器。主控板为整机的控制电路，各路传感器采集到的信号通过 A/D 转换器后送到主处理器。压力传感器安装在主控板上，包括压差压力传感器、气道压传感器和大气压传感器。阀板电路主要是流量传感器的控制电路，进行高低流量测量的切换。电源板用于整机电路的电源供电。功能检测原理如图 7-12 所示。

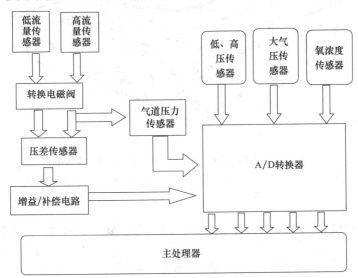

图 7-12　VT PLUS HF 气流分析仪功能检测原理

VT PLUS HF 气流分析仪上面板和右侧面结构如图 7-13 所示，后面板和左侧面结构如图 7-14 所示，VT PLUS HF 上面板功能如图 7-15 所示。

3. 模拟肺

模拟肺（测试肺）主要用于检测肺通气类设备的功效。为了符合临床不同场合的需求，一个模拟肺必须具备两种可调节的参数：总顺应值和通风阻力值。

（1）SMS 模拟肺

SMS 模拟肺如图 7-16 所示，包含一个风箱 6、顺应性调节弹簧 4、压力表 1、容量刻度

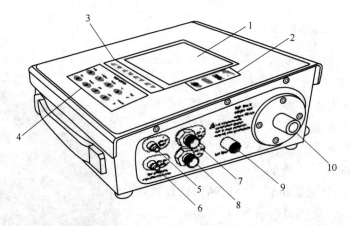

图 7-13 VT PLUS HF 气流分析仪上面板和右侧面结构

1—LCD 显示屏；2—对比度、暂停/恢复、打印和帮助键；3—软件；4—测试模式键；

5—低压（＋）气体或液体端口；6—低压（－）气体端口；7—高压（＋）气体或液体端口；

8—高压（－）气体端口；9—低流量供气口；10—高流量和氧气供气口

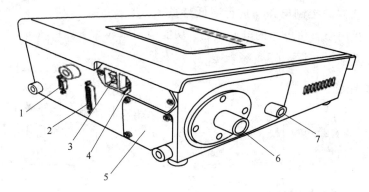

图 7-14 VT PLUS HF 气流分析仪后面板和左侧面结构

1—RS232 串口；2—并行打印机端口；3—电源开关；4—电源线输入；

5—氧传感器附件；6—高流量排气口；7—低流量排气口

标尺 2、容积刻度标尺 3（初始时处于零位置）阻尼和泄漏控制装置 5。以上部件安装在一个独立的架子上。

① 技术指标

a. 容积范围：$-0.3 \sim +1.0L$；

b. 顺应值：$10mL/cmH_2O$，$20mL/cmH_2O$，$50mL/cmH_2O$❶；

c. 阻力值：$0cmH_2O/(L \cdot s^{-1})$，$5cmH_2O/(L \cdot s^{-1})$，$20cmH_2O/(L \cdot s^{-1})$，$50cmH_2O/(L \cdot s^{-1})$，$200cmH_2O/(L \cdot s^{-1})$；

d. 噪声水平（1m 处）：$<70dB$。

② 总顺应值　总顺应值表现的是容积和压力之间的关联关系，容积指的是肺的气体容量，压力指的是肺内气体受到肺泡和胸腔壁的挤压形成的压力。这种关联在模拟肺上的实现

---

❶　$1cmH_2O = 98.0665Pa$。

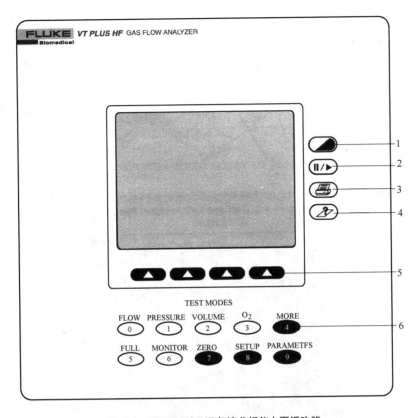

图 7-15　VT PLUS HF 气流分析仪上面板功能

1—对比度；2—暂停/恢复；3—打印；4—帮助；5—在显示屏的下方对应 4 个功能键，用于直接选择功能；

6—测试模式键（0—流量；1—压力；2—容量；3—氧浓度；4—泄漏或趋势等其他测试；

5—全部呼吸参数测试；6—监护；7—启动时调零；8—系统配置；9—参数选择）

方法是，将一系列弹簧放置在风箱中，每个弹簧都标识在风箱的延长臂上，这样就能适应各种顺应性的要求。

当只触及第 1 根弹簧时，模拟肺将提供 $50mL/cmH_2O$ 的顺应值，反映了正常成人麻醉后的典型状况。当第 1 根和第 2 根触及时，模拟肺将提供 $20mL/cmH_2O$ 的顺应值，此值接近于正常值的一半。当第 1 根、第 2 根和第 3 根触及时，模拟肺提供 $10mL/cmH_2O$ 的顺应值。每种状态的顺应值和人体的真实曲线相比并不线性，通过压力表和容积刻度尺可以获得其他点的顺应值。

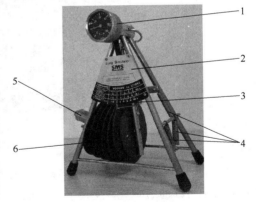

图 7-16　SMS 精密模拟肺

③ 气阻　气阻通过 5 个不同尺寸的孔来实现。这 5 个孔位于气阻和泄漏控制装置内部，它能提供一系列 0.5L/s 流量下校准的气阻。0 表示无气阻，此时模拟肺和通气设备内的压力是一致的，用于测试通气设备的压力表。5 表示气阻为 $5cmH_2O/(L \cdot s^{-1})$。20 表示气阻

为 $20cmH_2O/(L \cdot s^{-1})$。50 表示 $50cmH_2O/(L \cdot s^{-1})$。200 表示 $200cmH_2O/(L \cdot s^{-1})$。后面两个气阻主要用于配合儿科通气设备使用。

④ 压力和容积　压力表和容积刻度标尺初始时都处于零位置。当模拟肺和一个工作的通气设备相连，可读到当前顺应值和气阻值对应下的压力和容积读数。

⑤ 泄漏控制　设备具有一体化的可变泄漏控制装置，实验中可调节泄漏量大小，模拟泄漏对于呼吸回路的影响。

（2）ACCU LUNG 模拟肺

美国 Fluke Biomedical 公司生产的 ACCU LUNG 模拟肺如图 7-17 所示。ACCU LUNG 模拟肺是指能够呈现指定负载组合的肺模拟器。该仪器为便捷式，可悬挂于小推车或手持，占地面积很小，几乎为零。ACCU LUNG 模拟肺参数如表 7-3 所示。

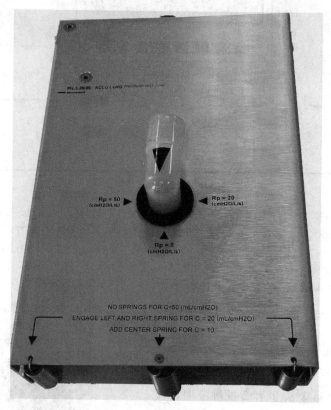

图 7-17　ACCU LUNG 模拟肺

ACCU LUNG 模拟肺可根据弹簧选择顺应性，当不触及任何弹簧时，模拟肺将提供 $50mL/cmH_2O$ 的顺应值，反映了正常成人麻醉后的典型状况。当只触及两侧 2 根弹簧时，模拟肺将提供 $20mL/cmH_2O$ 的顺应值，此值接近于正常值的一半。当第 1 根、第 2 根和第 3 根弹簧触及时，模拟肺提供 $10mL/cmH_2O$ 的顺应值。

根据箭头方向选择气道阻力。箭头指向 OFF 表示无气阻，此时模拟肺和通气设备内的压力是一致的，用于测试通气设备的压力表。$R_P = 5$ 表示气阻为 $5cmH_2O/(L \cdot s^{-1})$，这是正常成人麻醉状态下的典型值。$R_P = 20$ 表示气阻为 $20cmH_2O/(L \cdot s^{-1})$，这是 4 倍于正常值的气阻。$R_P = 50$ 表示 $50cmH_2O/(L \cdot s^{-1})$，该气阻主要用于配合儿科通气设备使用。

表 7-3 ACCU LUNG 模拟肺参数

参数		说明
环境参数	工作温度	10～40℃
	储存温度	0～50℃
性能特性	静态顺应性	C500.5L/kPa±10％,500mL 潮气量时
		C200.2L/kPa±10％,500mL 潮气量时
		C100.1L/kPa±10％,300mL 潮气量时
	气道阻力	R_p5K2.70±20％(等校孔口尺寸＝8.48mm)压降 10.80cmH$_2$O,2L/s 时
		R_p20K17.61±20％(等校孔口尺寸＝5.31mm)压降 17.61cmH$_2$O,1L/s 时
		R_p50K108.70±20％(等校孔口尺寸＝3.37mm)压降 27.20cmH$_2$O,0.5L/s 时
物理特性	呼吸机回路连接	ISO 22mm 柱头
	尺寸	27.9cm×21.6cm×10.2cm
	质量	1.8kg

4. TES 噪音计

利用泰仕电子工业股份有限公司生产的 TES-1350A 噪音计对呼吸机噪声进行检测。

TES 噪音计如图 7-18 所示,各部分名称及功能如下。

① 微音器。

② 显示器。

③ 电源及挡位范围选择开关。具有 Hi (65～130dB)、Lo (35～100dB) 测量选择。

④ 反应速率和最大值锁定开关。

"F":适用噪声值变化小者,约每 0.125s 抓取量测值 1 次。

"s":适用噪声值变化大者,约每 1.0s 抓取量测值 1 次。

MAX HOLD:抓取噪声最大位数值并锁住其读数。若要重设读数值按重设键 (RESET) 即可。

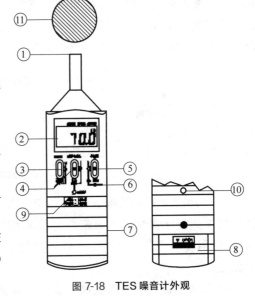

图 7-18 TES 噪音计外观

⑤ 功能开关。

A:A 权衡网路。

C:C 权衡网路。

CAL 94dB:内部 94.0dB 校正。

⑥ 校正调整旋钮。

⑦ AC/DC 输出耳机插座。

⑧ 电池盖。

⑨ 重设键。

⑩ 三脚架固定座。

⑪ 海绵球。

TES 噪音计的面板如图 7-19 所示，各部分名称及功能如下。

① 噪声量读值。

② 噪声量单位分贝。

③ 测量超过或低于该挡范围的警示符号。

④ 最大读数锁定指示。

⑤ 低电池电力指示。

图 7-19 TES 噪音计面板

三、实验内容与步骤

1. 德尔格 Evita 4 型呼吸机操作方法

（1）准备步骤

① 外部呼吸管路的安装连接　外部呼吸管路的安装连接如图 7-20 所示。将长度适宜的 2 组螺纹管分别与呼吸机出气口与进气口连接；加热湿化器安装在吸气管路（相对患者来说）；将集水罐置于吸气管路和呼气管路中，处于垂直位；将 2 组管路另一端与 Y 形管连接；将温度探头插入 Y 形管；将 Y 形管与模拟肺连接。上述连接过程结束后，检查呼吸管路是否构成一封闭环路，管路是否漏气。

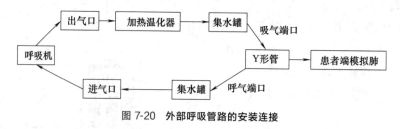

图 7-20 外部呼吸管路的安装连接

② 加热湿化器的安装连接与调节　加热湿化器内安放滤纸，加蒸馏水至水位线；用托架将加热湿化器悬挂于轨道，并旋紧螺钉固定；将其与吸气管道相连接（相对患者来说）；将温度探头插入"Y"形管；打开加热湿化器开关，调节湿化温度（32～38℃）或至绿区。

③ 氧源连接　将呼吸机送氧管连接到医疗供氧系统或氧气罐，接通气源；调节氧气加压阀或减压表，使氧气压力达到呼吸机控制要求。呼吸机氧源应保证氧气减压后的压力为 0.35～0.4bar，即与压缩泵的输出压力平衡。氧气表压力若显示在 5bar（500kPa）以下，应更换氧气。

④ 电源连接　将呼吸机电线插头插入电源主线插孔。电源电压要求为 220V，必须使用符合安全要求的三线插座（须含有安全接地线）。

（2）操作步骤

① 开机　打开呼吸机空气压缩机开关，使空气压缩机工作 1min 后，开启呼吸机后面板

上的电源开关，打开前面板上的电源开关，Evita 4 将进行 10s 自检。多功能呼吸机安装有自动检查系统，可以对话方式检查呼吸机准备工作，包括检查呼吸回路气密性和顺应性、检查呼气阀和空气/氧气转换阀、传感器校正等。

② 选择病人模式　开启后，呼吸机显示以下病人模式中的一个："Adults"=成人患者、"Paed"=儿童患者、"Neo"=新生儿患者、"prev. patient"=先前的患者。触摸相应屏幕键选择需要通气的病人模式，随后输入病人体重。"prev. patient"可以用来恢复指定的呼吸机上一次关机前存储的病人设置，在数据丢失或先前的选择已消失的情况下，"prev. patient"也不能恢复先前的设置。

③ 调节设置呼吸机参数　根据患者病情和治疗需要设置呼吸机各参数，详见图 7-8 所示设置页面示意图。

a. 选择通气模式：根据病情确定患者需要控制呼吸或是辅助呼吸。对于呼吸完全停止或自主呼吸微弱患者，应采用控制通气。对于存在自主呼吸，但通气量不足或氧合部分障碍患者，可采用辅助通气。IPPV（间歇正压通气）、BIPAP（双向气道正压通气）为控制通气，SIMV（同步间歇性指令通气）、ASB（辅助自主呼吸）为辅助通气，操作方法详见调节通气模式。

b. 确定分钟通气量（MV）。

c. 依分钟通气量设置潮气量（V_T）、呼吸频率（f）和吸呼比（$I:E$）。

d. 确定吸气氧浓度（FiO_2）。

e. 确定呼气末正压（PEEP）。应根据病情调节，原则是从小到大，逐步增加，每次增加 $2\sim3cmH_2O$，以避免干扰循环。

f. 设定气道压力、分钟通气量、吸气氧浓度的报警限。气道峰值压力报警上限应维持在气道峰值压力之上 $5\sim10cmH_2O$，一般不高于 $35\sim45cmH_2O$。分钟通气量报警范围应设置在预设水平$\pm15\%$范围内。吸气氧浓度报警范围应设置在预设水平$\pm5\%$范围内。报警操作方法详见图 7-9 所示报警极限页面示意图。

g. 调节触发灵敏度。一般将触发灵敏度设置在$-2cmH_2O$ 或 $0.1L/s$。触发灵敏度只用于辅助通气和自主呼吸。

设定好呼吸机以上各项参数后，观察呼吸机运转是否正常。

④ 监测患者：将患者与呼吸机管路连接，密切监护患者呼吸情况和相应监测指标，随时调整呼吸机参数。操作方法详见图 7-10 所示测量值页面示意图。

⑤ 撤机　当需要呼吸机支持的病因被去除，符合撤机条件，患者恢复自主呼吸能力时，可考虑撤离呼吸机。

a. 准备撤机前，将患者调整到舒适体位，备好必要急救物品，床旁监护生命体征。

b. 清除患者呼吸道分泌物，解除呼吸道平滑肌痉挛和喉头水肿，使呼吸道通畅；及时停用所有镇静药及其他影响呼吸的药物；进行患者心理护理，解除忧虑恐惧，鼓励主动配合撤机。

c. 进行自主呼吸试验（SBT），如患者可保持自主呼吸 30min，达到撤机标准，即可撤离呼吸机，除去人工气道。

（3）结束步骤

① 关机程序：关闭呼吸机主机→关闭空气压缩机→关闭氧气气源→断开电源；按规定程序卸下所有管道和配件，清洁消毒。

② 记录治疗参数以及患者各项监测指标及体征变化、治疗效果等。

2. VT PLUS HF 气流分析仪操作方法

（1）开机自检

自动进入初始界面和预热界面，显示 Warming Up VT-Plus。预热即将结束时，这个界面显示气流分析仪上次校准日期（Last Calibration Date）和下次校准到期日（Next Calibration Due on）。预热界面如图 7-21 所示，预热后会自动转入下一界面，否则可能会使测试数据产生偏差。

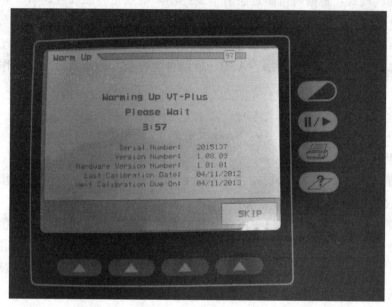

图 7-21　预热界面

（2）系统校零

对压力和流量进行校零时需要按测试仪的"7"键，之后再按界面"OK"键便进行校零，按"CANCEL"键可跳过。校零界面如图 7-22 所示。一般开始测试前要进行一次校零，校零时气体通道不要有气流流过，以免影响校零准确度。

（3）系统设置

按"8" SETUP 键，进入系统设置，Settings——可以选择 VT PLUS HF 流量和测量的选项。System——可以选择 VT PLUS HF 上的信息设置方式的选项，如时间和日期。Utility——仅用于系统服务和校准。Information——该屏幕中有 VT PLUS HF 的产品信息。按"ENTER"软件选中该选项，按上下键突出显示某个选项，按"BACK"返回至上一菜单。系统设置界面如图 7-23 所示。

选定"Settings"然后按下"ENTER"软键，显示 Gas Settings 中可以修改的一些参数，并可通过"MODIFY"软键修改预设选项或数字，最后按"ENTER"确定，如实验时

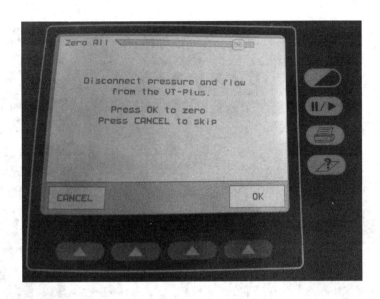

图 7-22 校零界面

在 "Breath Detect" 中将检测模式设为双向气流检测模式 "BiDirection"。Gas Settings 设置
如图 7-24 所示。

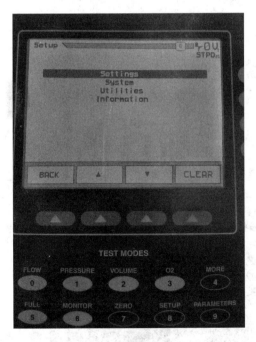

图 7-23 系统设置界面

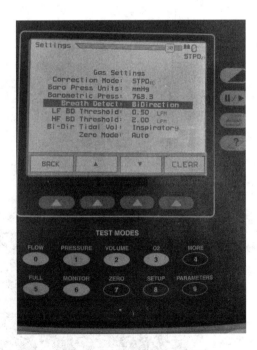

图 7-24 Gas Settings 设置界面

（4）测试

设置结束后可以开始测试，分别按 "0" FLOW 键测试流量，如图 7-25 所示；按 "1"
PRESSURE 键测试压力，如图 7-26 所示；按 "2" VOLUME 键测试容量，如图 7-27 所示；

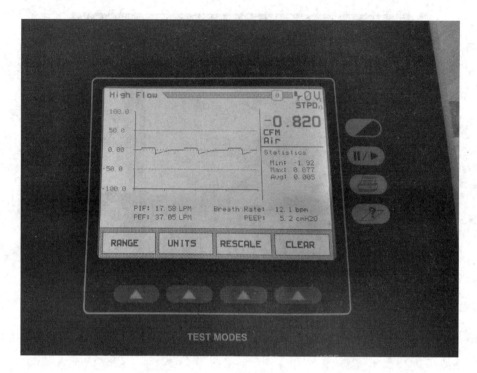

图 7-25　流量测试界面

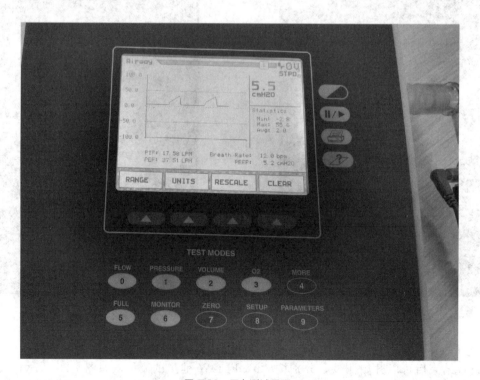

图 7-26　压力测试界面

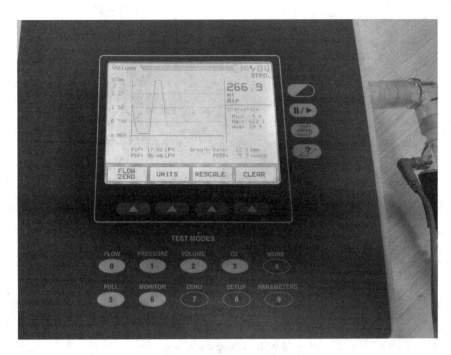

图 7-27　容量测试界面

按"3"O2 键测试氧浓度；按"5"FULL 键测试全部参数，如图 7-28 所示；按"6"MO-NITOR 键查看动态监护参数，如图 7-29 所示。

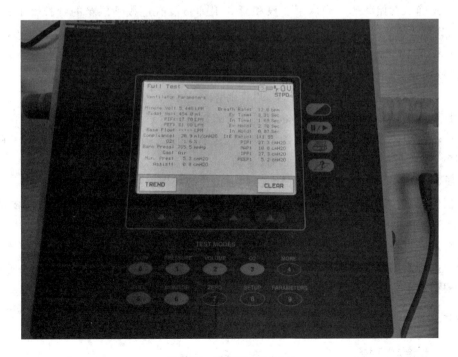

图 7-28　全部参数测试界面

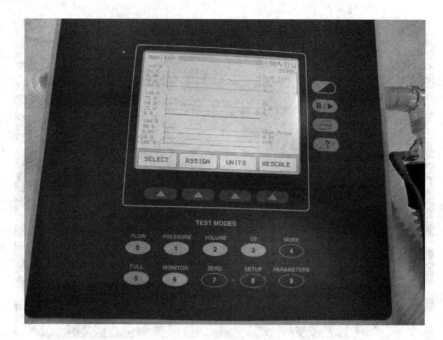

图 7-29　动态监护参数界面

3. 模拟肺操作方法

（1）SMS 机械模拟肺操作步骤

① 首先确认初始状态，确认第 2 根和第 3 根弹簧没有连接到风箱的延长臂上；旋转位于风箱延长臂下面的旋钮，根据需要顺时针或者逆时针转动，将容积刻度设置到 0；旋转位于标尺 60°位置的螺钉，根据需要顺时针或者逆时针转动，将压力表指示调节到 0。

② 将通气设备上通往患者的接口连接到模拟肺。

③ 确认泄漏控制器关闭，并将气阻调节到 0。

④ 打开通气设备，检查通气设备上压力表的数值是否近似等于模拟肺上压力表的数值。

⑤ 旋转气阻，使之达到设定值，调节通气设备，使之输出符合需求的气体，判断模拟肺上的读数是否近似等于通气设备上的设置值。

⑥ 重复上述操作，重复时将弹簧增加到 1 和 2 两根以及 1、2 和 3 三根。

⑦ 任何测试中，都可以打开泄漏控制器，这样可以模拟呼吸回路内出现泄漏的情况。

（2）ACCU LUNG 模拟肺操作步骤

① 将通气设备上通往患者的接口连接到模拟肺。

② 根据所需的顺应性选择弹簧。

③ 根据箭头方向选择气道阻力。

4. 呼吸机检测方法

（1）仪器检测连接

① 开启呼吸机，呼吸回路中不接湿化器，避免水汽对检测设备造成损害和影响呼吸管

路的顺应性，造成检测数据偏差。按图 7-30 正确连接被校准呼吸机、气流分析仪和模拟肺。连接时注意 VT PLUS HF 显示屏上箭头所指的气体流动方向；选择较合适的连接接头，确保无漏气现象，并注意调整模拟肺和 VT PLUS HF 的高度。

② 利用 Y 形阀将呼吸机连接到 VT PLUS HF 右侧的高流量和氧气供气口。

③ 利用标准的呼吸软管将左侧的高流量排气口与模拟肺相连，如使用 ACCU LUNG 模拟肺，顺应性选择 $20mL/cmH_2O$，即把 ACCU LUNG 模拟肺两边弹簧勾住。

④ 进入设置菜单并选择相关选项，然后选择双向呼吸检测。按 FLOW、PRESSURE、VOLUME、FULL 可记录相关数据。

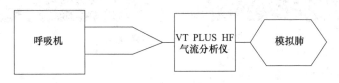

图 7-30　VT PLUS HF 连接示意图

（2）潮气量检测

① 将 Evita 4 型呼吸机设置为间歇正压通气（IPPV）模式和同步间歇性指令通气（SIMV）模式，调整以下参数（见图 7-31）：呼吸频率 $f=20$ 次/min；吸呼比 $I:E=1:2$；吸气氧浓度 $FiO_2=21\%$（标准中是 40%）；呼气末正压 $PEEP=2cmH_2O$。

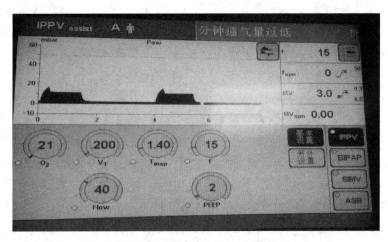

图 7-31　间歇正压通气模式设置图

② 以上参数调整好后，其余参数置零或关闭，按下测试仪面板上的"0"键，测试仪界面跳转到流量测试界面。在流量测试界面，如果图形比例不协调，可按 RESCALE 重新调整比例。该界面显示呼吸频率（Breath Rate）、潮气量（Tidal Vol）等参数，以及流量波形，如图 7-32 所示。

③ 将潮气量依次设置为 200mL、400mL、600mL、800mL，每次改变后等待半分钟左右，使测试数据稳定。记录呼吸机自身监测数据 3 次，记录测试仪监测数据 3 次。呼吸机检测标准中规定潮气量最大允差为 $\pm15\%$。按测试仪"5"键即可记录 VT PLUS HF 测量参数，按呼吸机"Value measured"键可显示出检测参数并记录呼吸机显示的参数。按照式（7-1）计算得出潮气量相对示值误差。

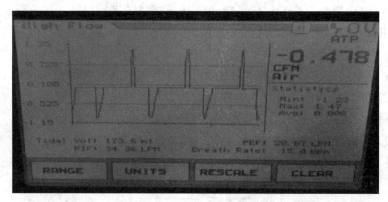

图 7-32　参数显示及流量波形图

（3）呼吸频率检测

① 将呼吸机设置为间歇正压通气（IPPV）模式和同步间歇性指令通气（SIMV）模式，调整以下参数：潮气量 $V_T=400\mathrm{mL}$；吸呼比 $I:E=1:2$；吸气氧浓度 $\mathrm{FiO_2}=21\%$；呼气末正压 $\mathrm{PEEP}=2\mathrm{cmH_2O}$。

② 以上参数调整好后，其余参数置零或关闭。

③ 将通气频率顺次设置为 30 次/min、20 次/min、15 次/min、10 次/min，每次改变数据后等待 10s 左右，使测试数据稳定。按测试仪"5"键即可记录测试仪监测数据 3 次，按呼吸机面板上的"Value measured"键，记录被测呼吸机呼吸频率 3 次。根据呼吸机检测标准，其呼吸频率最大允差为 $\pm10\%$ 或 ±1 次/min，按照式（7-2）计算得出呼吸频率相对示值误差。

（4）气道峰压检测

① 将呼吸机设置为 BIPAP 模式，调整以下参数：吸呼比 $I:E=1:2$；呼吸频率 $f=15\mathrm{bpm}$；吸气氧浓度 $\mathrm{FiO_2}=21\%$；呼气末正压 $\mathrm{PEEP}=0\mathrm{cmH_2O}$。

② 以上参数调整好后，其余参数置零或关闭。按测试仪面板上的"1"键，测试仪界面跳转到压力测试界面，该界面显示气道峰压（PIP）、吸气保持压力（IPP）、平均气道压力（MAP）、呼气末正压（PEEP）等参数及压力波形。

③ 将吸气压力分别设置为 $10\mathrm{cmH_2O}$、$15\mathrm{cmH_2O}$、$20\mathrm{cmH_2O}$、$25\mathrm{cmH_2O}$、$30\mathrm{cmH_2O}$，每次改变后等待半分钟左右，使测试数据稳定。影响气道压力的参数有 PEEP 值与吸气压力值，设置的吸气压力数值是气道实际压力，或者是在 PEEP 值基础上叠加的压力，不同呼吸机有所不同，因此将 PEEP 置成 0，这样气道内就只有吸气压力存在。按测试仪"5"键即可记录测试仪测量值 3 次，按呼吸机面板上的"Value measured"键记录气道峰压参数值 3 次。根据呼吸机的检测标准吸气压力最大允差为（$\pm2\%$ 满刻度 $+4\%$ 实际读数），按照式（7-3）计算得出气道峰压示值误差（注：满量程为 10kPa，1mbar $=$ 1cmH$_2$O，1kPa $=$ 10cmH$_2$O）。

（5）呼气末正压检测

① 将 Evita 4 呼吸机设置为间歇正压通气（IPPV）模式和双向气道正压通气（BIPAP）模式，调整参数如下：呼吸频率 $f=15$ 次/min；吸呼比 $I:E=1:2$；吸气压力水平 PIP $=$

$20cmH_2O$ 或 $V_T=400mL$；吸气氧浓度 $FiO_2=21\%$。

② 参数调整好后，其余参数置零或关闭，仍在压力测试界面观测数据。将呼气末正压顺次设置为 $2cmH_2O$、$5cmH_2O$、$10cmH_2O$、$15cmH_2O$、$20cmH_2O$，每次改变后等待半分钟左右，使测试数据稳定。

③ 按测试仪"5"键即可记录测试仪测量值，按呼吸机面板上的"Value measured"键记录被测呼吸机呼气末正压参数值 3 次，按测试仪"5"键即可记录测试仪测量值 3 次。按呼吸机检测标准规范要求，呼气末正压允差为 $\pm 2\%$ 满刻度 $+4\%$ 实际读数，参照式（7-3）计算得出呼气末正压相对示值误差。

（6）吸气氧浓度检测

① 将 Evita 4 呼吸机设置为间歇正压通气（IPPV）模式，调整参数如下：潮气量 $V_T=400mL$；吸呼比 $I:E=1:2$；呼吸频率 $f=15$ 次/min；呼气末正压 $PEEP=2cmH_2O$。

② 调整好以上参数后，其余参数置零或关闭。按下测试仪面板上的"3"键，测试仪界面跳转到氧浓度测试界面。该界面显示氧浓度、基流（Base Flow）、大气压（Baro Press）、气体类型等参数及氧浓度波形。

③ 将吸气氧浓度设置为 21%、40%、60%、80%、100%，每次改变后等待一分钟左右，使测试数据稳定。记录呼吸及自身监测数据为示值，记录测试仪监测数据为实测值。按照式（7-4）计算得出吸气氧浓度示值误差。

（7）安全报警检测

① 首先将 Evita 4 呼吸机模式设为间歇正压通气（IPPV）模式，参数调整如下：$V_T=400mL$，$f=20$ 次/min，$I:E=1:2$，$PEET=2cmH_2O$，模拟肺设置顺应性 $=50mL/cmH_2O$，阻力 $=20cmH_2O/(L \cdot s^{-1})$。

② 电源报警测试：主要检查电源断电情况下，呼吸机能不能正常工作及是否有报警提示。以上参数调整好以后，使呼吸机运转正常，然后将呼吸机电源线拔下，若呼吸机有报警声提示，说明呼吸机报警测试合格。

③ 气路压力上下限报警测试：将气道压力上下限设定值分别调节为低于气道峰压值 $5cmH_2O$ 和高于气道峰压值 $55cmH_2O$，此时呼吸机有气道压力高或低报警提示。

④ 分钟通气量上下限报警测试：上限测试时将分钟通气量上限设定值调节为 8L/min，呼吸机应有"分钟通气量高"报警。下限测试时将呼吸机分钟通气量低限调为 4L/min，然后断开呼吸回路，能听到呼吸机有报警声并且界面显示"分钟通气量低"。这些现象说明呼吸机分钟通气量上下限报警测试合格。

⑤ 窒息报警：设定呼吸机为辅助通气模式，在无患者触发条件下，呼吸机有"窒息"报警。部分型号呼吸机还可自动切换到控制通气或后备通气。

上述任何一项报警未通过则此项不合格。

（8）呼吸机噪声检测

使用 TES 噪音计测量呼吸机噪声。

① 打开电源开关并选择挡位范围 Hi 或 Lo。

② 选择 RESPONSE（响应）的 F（FAST）快速读取即时的噪声量，选择 S（SLOW）慢速读取当时的平均噪声量。

③ 如果要测量音量的最大读数，可使用 MAX HOLD 功能：将 RESPONSE 开关选择在 MAX HOLD 位置；按下 "RESET" 按键开始测量最大音量。

④ 若要测量以人为感受的噪声量，请选择 FUNCT（功能）的 A 加权；若要测量机器所发出的噪声请选择 FUNCT（功能）的 C 加权。测量前可先选择 CAL94db 自我校正一次，判断仪表是否正常。

⑤ 手持噪音计，将呼吸机的潮气量、呼吸频率或分钟通气量、呼吸比等调至最大，在离呼吸机 1m 处用声级计 "A" 级计权网络分别测试前、后、左、右四个方位，取其最大值。

⑥ 应符合技术要求中 "呼吸机的整机噪声" 的规定，即呼吸机在正常工作时噪声不大于 65dB。

⑦ 测量完毕后关闭电源。

四、实验报告

1. 对德尔格 Evita-4 呼吸机气路进行分析，找到系统各种元器件，并说明其在呼吸机中的作用。

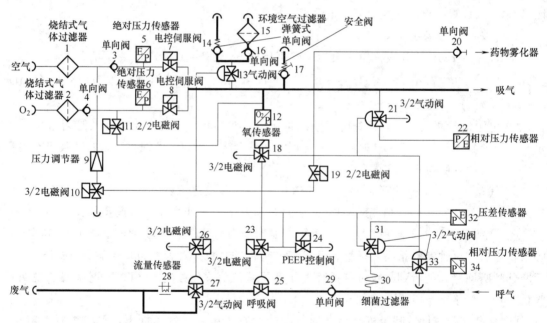

2. 呼吸机通气模式、呼吸气道力学参数的设置与波形显示。

（1）IPPV，关闭 Autoflow，FiO_2 为 21%、V_T 为 0.5L、T_{insp} 为 1.8s、f 为 15 次/min、Flow 为 24L/min、PEEP 为 3mbar 的条件下，分别关闭和打开流量触发，在呼气结束前 20% 左右时间内挤压模拟肺（由于学校实验室操作时只能用模拟肺代替患者，只能用挤压模拟肺的方式模拟患者的自主呼吸）。

（2）BIPAP，关闭 Autoflow，FiO_2 为 21%、T_{insp} 为 1.8s、f 为 15 次/min、压力上升时间为 0.2s、P_{insp} 为 24、PEEP 为 3mbar、PEEP＋为 0mbar 的条件下，观察 P_{insp} 参数变

化对 V_T 的影响。

(3) SIMV，关闭 Autoflow，FiO_2 为 21%、V_T 为 0.65L、T_{insp} 为 1.8s、f 为 6 次/min、压力上升时间为 0.2s、Flow 为 24L/min、PEEP 为 3mbar 的条件下，PEEP＋设为 9mbar，在呼气阶段分别挤压模拟肺与不挤压模拟肺。

(4) CPAP ASB，FiO_2 为 21%，PEEP 为 3mbar，PEEP＋为 9mbar，在全部阶段挤压模拟肺和不挤压模拟肺。

3. 设置以下通气模式、呼吸气道力学参数，记录呼吸气道力学参数监测数据。

SIMV，关闭 Autoflow，FiO_2 为 21%、V_T 为 0.65L、T_{insp} 为 1.8s、f 为 6 次/min、压力上升时间为 0.2s、Flow 为 24L/min、PEEP 为 3mbar 的条件下，PEEP＋设为 9mbar，在呼气阶段分别挤压模拟肺与不挤压模拟肺。

呼吸机监测参数	呼气阶段挤压模拟肺	呼气阶段不挤压模拟肺
P_{peak}/mbar		
P_{plat}/mbar		
P_{mean}/mbar		
PEEP/mbar		
P_{min}/mbar		
MV/(L/min)		
MV_{spn}/(L/min)		
MV_{leak}/(L/min)		
f/(次/min)		
f_{spn}/(次/min)		
f_{mand}/(次/min)		
V_{Te}/L		
V_T/L		
V_{TASB}/L		
R/[mbar/(L·s^{-1})]		
C/(mL/mbar)		

4. 呼吸机潮气量的测试。

潮气量　　　　　　　　　　　　　　　　　　mL

呼吸机设定值	呼吸机监测值			平均值(呼吸机监测值)	测试仪测量值			平均值（校准结果）	相对示值误差	不确定度
	1	2	3		1	2	3			

5. 呼吸频率测试。

呼吸频率   次/min

呼吸机设定值	呼吸机监测值			平均值(呼吸机监测值)	测试仪测量值			平均值(校准结果)	相对示值误差	不确定度
	1	2	3		1	2	3			

6. 气道峰压测试。

气道峰压   □kPa，□cmH$_2$O，□hPa

呼吸机设定值	呼吸机监测值			平均值(呼吸机监测值)	测试仪测量值			平均值(校准结果)	相对示值误差	不确定度
	1	2	3		1	2	3			

注：1kPa＝10mbar＝10cmH$_2$O＝10hPa。

7. 吸气氧浓度。

吸气氧浓度   %

呼吸机设定值	呼吸机监测值			平均值(呼吸机监测值)	测试仪测量值			平均值(校准结果)	相对示值误差	不确定度
	1	2	3		1	2	3			

8. 呼吸机噪声检测。

dB

方位	呼吸机在正常工作中的噪声
前	
后	
左	
右	

实验八
超声诊断仪性能检测实验

一、实验理论与基础

超声诊断仪利用超声波在人体中传播的物理特性,可以对人体内部脏器或病变作体层显示,据此对疾病进行诊断。其具有操作方便、安全、迅速、无损、实时、价廉、无痛苦、无剂量累积、软组织鉴别力强等优点,临床上广泛应用于内科:心脏、心脑血管、乳房、肝脏、胆囊、胰腺、脾脏、肾脏等腹部组织器官;泌尿科:膀胱等;妇产科:卵巢、子宫、胎儿等;还应用于眼球、甲状腺、胸腔膜等液体和软组织。但其在临床上骨、气体遮盖下的病变不能探及,使用受限。

1. 超声波的物理特性

人耳能听到的声音频率为 $20 \sim 20000\text{Hz}$,低于 20Hz 为次声波,超声波是 $2 \times 10^4 \sim 10^8 \text{Hz}$ 的机械波。医学超声的频率范围在 $200\text{kHz} \sim 40\text{MHz}$ 之间,超声诊断用频率多在 $1 \sim 10\text{MHz}$ 范围内,相应的波长在 $1.5 \sim 0.15\text{mm}$ 之间。大多数医用超声工作频率为 $2 \sim 10\text{MHz}$,其中 2MHz、3.5MHz、5MHz、7.5MHz 和 10MHz 是常用的频率点。从理论上讲,频率越高,波长越短,超声诊断的分辨率越好。

2. B超诊断设备图像的物理基础

人体组织根据声阻抗特性分为三类:第一类是气体和充气的肺;第二类是液体和软组织;第三类是骨骼和矿物化后的组织。以上三类的阻抗差别较大,超声很难从一类材料传到另一类材料区域中去,因此,超声成像只能用于有液体和软组织的、声波传播通路上没有气体或骨骼阻挡的那些区域。如果两种媒质的声阻抗相同,就可以获得最大的传声效率。在液体和软组织中,声波和阻抗变化不大,使得声反射量适中,既保证了界面回波的显像观察,又能保证声波穿透足够的深度,且接收回波的时延与目标深度成近似的正比关系。在超声波的传播过程中,当介质有 5% 的声阻抗改变时,反射波的能量只有入射的 0.25%,大部分能量能够透过界面继续向前传播。而反射的能量能够被换能器接收并进一步被放大,用以成像。

3. 医用超声探头

超声探头又称超声换能器，起电声转换作用。换能器的性能状况直接关系到医用超声设备的性能，影响成像的质量，在超声诊断仪中占重要地位。压电效应是超声诊断应用的基础，一些晶体如石英等具有压电特性。压电陶瓷具有声-电转换效率高、易与电路匹配、性能稳定、价廉和易于加工等优点，在超声换能器中被广泛使用。

超声探头按诊断部位可分为眼科探头、心脏探头、腹部探头、颅脑探头、子宫探头、肛门探头等，按几何形状可分为矩形探头、柱形探头、凸形探头、圆形探头、环形探头、喇叭形探头等，按波束控制方式可分为线阵探头、机械扇形探头、电子扇形探头（相控阵）、凸阵探头等，如图 8-1 所示。

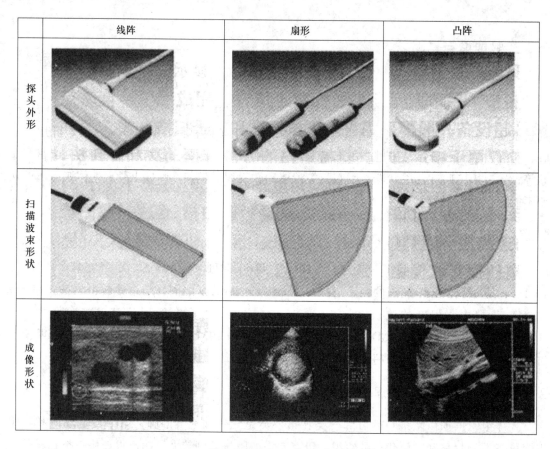

图 8-1　超声探头及扫描图像

超声探头的使用特性主要有工作频率、频带宽度、灵敏度和分辨率等。工作频率的选择主要取决于临床诊断的要求。对于衰减大的组织和要求探测深度大时，应选取较低的工作频率；反之，则选取较高的工作频率。软组织适合用 2.5MHz 频率的超声探头；对甲状腺等浅表小器官的探测则要求分辨率好，宜使用 5MHz 以上频率的探头；对于眼球的探测可用 10MHz 或 10MHz 以上的探头。超声仪器都有多种超声探头选配，以适用于不同的应用场合。

4. 超声诊断仪的工作原理

超声诊断仪的工作原理：利用超声波在人体中传播的物理特性，向人体内发射超声能量，并接收由人体内组织反射的回波信号，根据其所携带的有关人体组织或病变的信息，加以检测、放大、处理、显示，为医生提供诊断的依据。图 8-2 为 B 型超声诊断装置的基本结构框图。

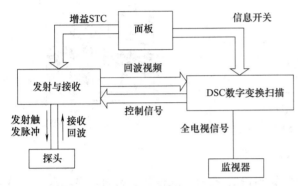

图 8-2　B 型超声诊断装置的基本结构框图

由 DSC 将控制信号送到发射与接收单元，控制发射与接收单元产生发射触发脉冲并将其送至探头，探头将接收回波送回发射与接收单元，接收回波在发射与接收单元受面板上的增益及灵敏度时间控制 STC 的调整，回波经放大检波为回波视频再到 DSC，回波视频经 DSC 处理成为全电视信号输出给监视器（受面板上信息开关控制）。

超声诊断仪接收到的超声回波信号，根据监测其回声的延迟时间、强弱就可以判断脏器的距离及性质。经过电子电路和计算机的处理后，最终将检出的有用信息显示在显示器上。主要的显示模式有下列几种：

（1）A 式显示（Amplitude Modulation Display）

A 式显示为幅度调制。横轴表示深度，纵轴表示回波强度，以不同幅度的脉冲波形的形式表示，是最基本的显示方法。探头（换能器）定点发射获得的回波所在位置可反映出人体脏器的厚度、病灶在人体组织中的深度及病灶的大小。正常眼 A 超图像如图 8-3 所示。A 式显示的回波图，只能反映声线方向上局部组织的回波信息，不能获得临床诊断上需要的解剖图。

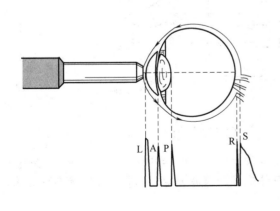

(a) 示意图　　　　　　　　　　　(b) 仪器检查图

L—始波；A—晶状体前囊波；P—晶状体后囊波；
R—视网膜波；S—巩膜波

图 8-3　正常眼 A 超图像

（2）B 式显示（Brightness Modulation Display）

B 式显示为亮度调制。纵轴表示深度，得到的超声回波信号加到显示器的 Z 轴上进行灰度调制，以亮度表示回波的强弱，再配以声束的扫描，使横轴表示声速扫描方向就可以得到超声波体层图像。B 式显示使图像质量有了明显的提高。线阵探头的 B 超图像如图 8-4 所示。

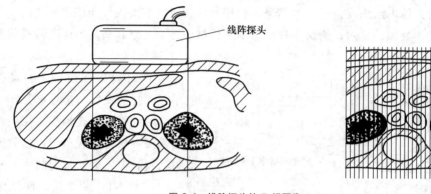

图 8-4　线阵探头的 B 超图像

（3）M 式显示（Motion Modulation Display）

M 式显示为运动调制。将回波幅度加到显示器的 Z 轴上进行亮度调制，纵轴表示深度，如同 B 型。将这样的回波信号在时间上拉开，即横坐标是时间，时基线以慢速沿轴方向移动。对于运动脏器，垂直扫描线上的各点将发生位置上的变动，同时在水平方向上加一个时间扫描信号，便形成一幅反射界面的活动曲线图。M 型超声诊断仪对人体中的运动脏器，如心脏、胎儿胎心、动脉血管等功能的检查具有优势，并可进行多种心功能参数的测量，如心脏瓣膜的运动速度、加速度等。二维超声扫描显像和 M 型超声心动图如图 8-5 所示，如果反射界面是静止的，显示屏上就显示出一系列水平的直线。

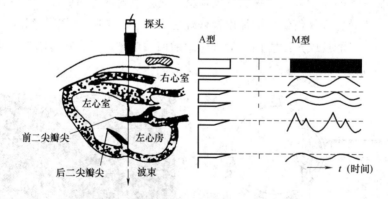

图 8-5　二维超声扫描显像和 M 型超声心动图

在上述 3 种基本显示模式的基础上，还有 C 型（constant depth）显示、D 型（Doplor）显示以及 P 型显示等技术。此外，还有三维立体成像、谐波成像、伪彩色成像等多种技术。

5. 超声多普勒成像基本测量原理

（1）超声波的多普勒效应

超声波遇到运动物体时，换能器发射波频率与接收的回声频率出现差别的现象称为多普勒效应。接收信号频率 f_r 与发射信号频率 f_i 之差 F_d 称为多普勒频移，相应的差频信号称为多普勒频移信号。

　　如图 8-6 所示，超声入射血流，遇到运动的障碍物时，会产生散射。实验证明，散射主要来自随血流运动的红细胞。多普勒频移可表示为：

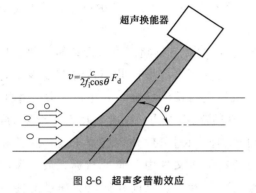

$$v = \frac{c}{2f_i\cos\theta}F_d$$

图 8-6　超声多普勒效应

$$F_d = \frac{2v\cos\theta}{c}f_i \qquad (8\text{-}1)$$

　　式中，v 为红细胞运动速度；c 为声速；θ 为红细胞运动方向与声束之间的夹角。

　　式（8-1）表明，当 c、θ 和 f_i 一定时，F_d 与血流速度成正比。用正、负号分别表示血流的运动方向，正号表示血流向探头运动，负号表示血流离开探头运动。如 θ 小于 20°，计算血流时可忽略 θ 的影响，否则，必须进行角度校正。

　　（2）连续波式多普勒超声的工作原理

　　连续波式多普勒超声的工作原理是：探头使用双换能器，一个连续发射正弦超声波，另一个连续接收红细胞散射的回声信号。经电路处理后，得到多普勒频移信号。频移信号经 A/D 转换、频谱分析后，将频谱显示在屏幕上。CW 多普勒可测量高速血流速度。在发射波束和回声波束重叠区域内任何运动的目标都对多普勒频移产生影响，因此，CW 多普勒不能测定点区域的血流速度，无距离分辨能力。

　　（3）脉冲波式多普勒超声的工作原理

　　脉冲波式多普勒超声的工作原理是：使用单一换能器，换能器发射一束超声脉冲波之后，处于接收回声状态。脉冲回波到达时间的长短与运动目标到探头的距离成正比。但并不分析所有的回声信号，而是使用距离选通门，仅取出所需位置的回声信号。距离选通门只在预计某一区域的回声信号到达时才短暂开启，进行多普勒频移分析。改变距离选通门在时间轴上的位置，可显示不同深度的血流运动情况。与 CW 多普勒不同，PW 多普勒可选择分析来自沿着超声束某一小区域的多普勒频移信号，这一区域称为采样容积（Sample Volume）。采样容积的宽度与声束宽度成正比，长度与发射脉冲持续时间成正比。PW 多普勒具有距离鉴别能力，与超声 B 型成像同步显示，可方便取样容积定位。PW 多普勒的主要缺点是不能精确测定高速血流速度，如多普勒频移过高会出现频谱混叠现象。

6. 超声诊断仪的主要检测参数

　　B 型超声诊断设备在医疗器械管理分类中属于 Ⅱ 类，在通用要求的分类中，属于 BF 型。目前检测系列标准有：

　　① GB 10152—2009《B 型超声诊断设备》。

　　② GB 9706.9—2008《医用电气设备 第 2-37 部分：超声诊断和监护设备安全专用要求》。

　　③ GB/T 15214—2008《超声诊断设备可靠性试验要求和方法》。

④ GB/T 16846—2008《医用超声诊断设备声输出公布要求》。

⑤ GB/T 20249—2006《声学 聚焦超声换能器发射场特性的定义与测量方法》。

⑥ GB/T 15261—2008《超声仿组织材料声学特性的测量方法》。

⑦ GB 9706.237—2020《医用电气设备 第 2-37 部分：超声诊断和监护设备的基本安全和基本性能专用要求》（即将实施）。

在 GB 10152—2009《B 型超声诊断设备》检测标准中对 B 型超声诊断设备的声工作频率、探测深度、侧向分辨力、轴向分辨力、盲区、切片厚度、横向几何位置精度、纵向几何位置精度、周长和面积测量偏差等性能均给出相应的检测标准。其中声工作频率的性能要求为：声工作频率与标称频率的偏差应在±15％范围之内；切片厚度性能要求为：制造商应在随机文件中公布切片厚度的指标；周长和面积测量偏差性能要求为：周长和面积测量偏差应在±20％范围之内，或符合制造商在随机文件中公布的指标。最大探测深度、侧向分辨力、轴向分辨力、盲区、横向几何位置精度、纵向几何位置精度的性能要求如表 8-1 所示。

表 8-1　B 型超声诊断设备的性能要求

性能指标	探头类型和标称频率							
	2.0≤f<4.0		4.0≤f<6.0		6.0≤f<9.0		f≥9.0	
	线阵，R≥60mm 凸阵	相控阵，机械扇扫，R<60mm 凸阵	线阵，R≥60mm 凸阵	相控阵，机械扇扫，R<60mm 凸阵	线阵，R≥60mm 凸阵	相控阵，机械扇扫，R<60mm 凸阵	线阵，R≥60mm 凸阵	相控阵，机械扇扫，R<60mm 凸阵
最大探测深度/mm	≥160	≥140	≥100	≥80	≥50	≥40	≥30	≥30
侧向分辨力/mm	≤3（深度≤80）≤4 80<深度≤130	≤3（深度≤80）≤4 80<深度≤130	≤2（深度≤60）	≤2（深度≤40）	≤2（深度≤40）	≤2（深度≤30）	≤1（深度≤30）	≤1（深度≤30）
轴向分辨力/mm	≤2（深度≤80）≤3 80<深度≤130	≤2（深度≤80）	≤1（深度≤80）	≤1（深度≤40）	≤1（深度≤50）	≤1（深度≤40）	≤0.5（深度≤30）	≤0.5（深度≤30）
盲区/mm	≤5	≤7	≤4	≤5	≤3	≤4	≤2	≤3
横向几何位置精度/%	≤15	≤20	≤15	≤20	≤10	≤10	≤5	≤5
纵向几何位置精度/%	≤10	≤10	≤10	≤10	≤5	≤5	≤5	≤5

注：1. 表中的技术指标是对 B 超的最低性能要求，在进行最低性能要求测试时，按照 GB 10152—2009 标准中与体模相关的技术要求。

2. 制造商可在随机文件中公布优于上述指标的要求。若制造商在随机文件中公布性能指标，则应同时公布进行性能指标测试时，所使用体模的规格型号和技术参数。

二、实验设备与器材

本实验以 GB 10152—2009《B 型超声诊断设备》标准为基础，采用 KS107BD/KS107BG、KS107BQ、KSJX-15 等 KS 系列体模对迈瑞 DP-6600 超声诊断仪基本图像参数进行检测。利用 KS205D-1 型多普勒体模与仿血流控制系统对美国 GE 公司生产的 LOGIQ 3 超声多普勒成像仪的方向识别能力、血流探测深度、取样游标的准确度、血流速度读数准确度等基本性能参数进行检测。利用 BCZ100-1 型毫瓦级超声功率计测量超声诊断设备的输出声功率。

1. DP-6600 超声诊断仪

DP-6600 超声诊断仪是全数字超声诊断仪，其结构如下：

① 主机各部件名称见图 8-7，正视图如图 8-7（a）所示，右视图如图 8-7（b）所示，左视图如图 8-7（c）所示。

② 控制面板见图 8-8，按键名称及功能见表 8-2。

③ 基本显示界面见图 8-9，显示区域说明见表 8-3。

④ 图像模式示意图见图 8-10。

⑤ 屏幕参数缩写说明见图 8-11。

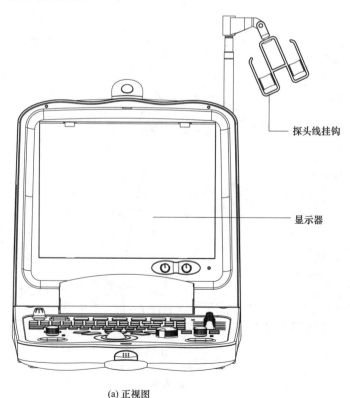

探头线挂钩

显示器

(a) 正视图

图 8-7

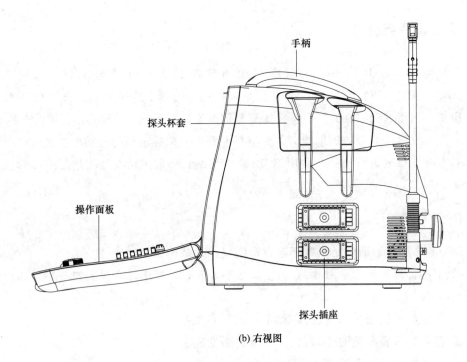

(b) 右视图

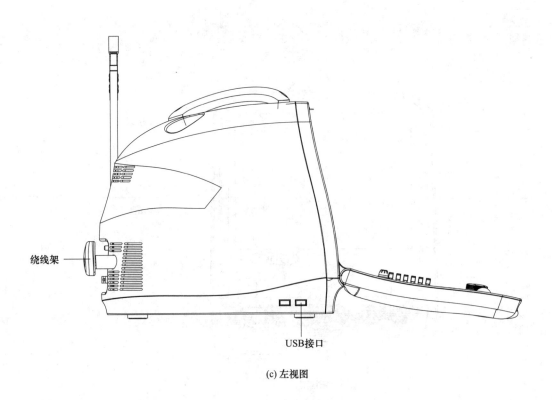

(c) 左视图

图 8-7   DP-6600 超声诊断仪主机

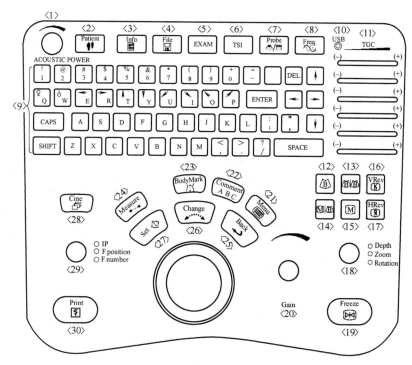

图 8-8　DP-6600 超声诊断仪控制面板

表 8-2　按键名称及功能

序号	按键名称	功能
<1>	Acoustic Power	调节声功率输出大小级别
<2>	Patient	删除存储器中前一位患者的数据,准备检查新患者
<3>	Info.	患者信息界面显示,可设置或修改患者信息
<4>	File	保存或加载文档系统
<5>	EXAM	通过菜单选择检查模式:腹部、妇科、产科、小器官、心脏
<6>	TSI	组织优化功能,有四种声速可以选择
<7>	Probe	用于切换探头
<8>	Freq	切换探头发射频率
<9>	字符数字键	输入字符和符号。 SHIFT+ 字母或数字,可输入同一个键的上排符号。 按下 CAPS 键,可输入对应字母的大写字母
<10>	USB	USB 指示灯
<11>	TGC	根据距体表深度调整超声回波接收灵敏度
<12>	B	进入 B 模式显示
<13>	B+B	进入双 B 模式显示
<14>	M+B	进入 M/B 模式显示
<15>	M	进入 M 模式显示
<16>	VRev	垂直翻转图像
<17>	HRev	水平翻转图像

序号	按键名称	功能
<18>	多功能调节旋钮	调节显示图像的深度、图像放大倍数,以及注释箭头方向、体位图探头方向
<19>	Freeze	冻结和解冻图像。如果图像冻结,声功率输出就停止
<20>	Gain	调节图像的增益
<21>	Menu	根据系统状态显示菜单
<22>	Comment	进入注释模式
<23>	BodyMark	进入体位图选取、插入模式
<24>	Measure	进入测量模式
<25>	Back	打开注释用语库或返回上一步操作
<26>	Change	在测量中切换标尺的活动端和固定端
<27>	Set	确定选项,确定注释、测量的光标位置等
<28>	Cine	进入/退出手动电影回放模式
<29>	多参数调节旋钮	调节图像处理参数、焦点位置和焦点个数
<30>	Print	视频打印

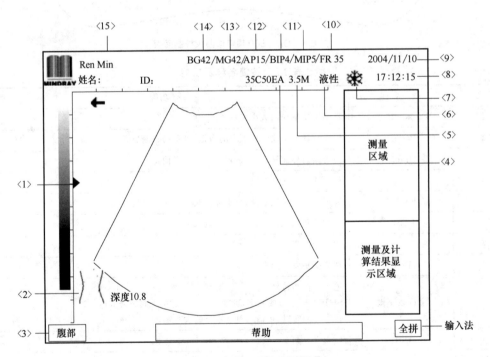

图 8-9　基本显示界面示意图

表 8-3　显示区域说明

序号	项目	说明
<1>	焦点标记	焦点个数和焦点位置
<2>	体位图	显示检查体位图和探头方向、位置
<3>	检查模式	检查模式

序号	项目	说明
＜4＞	探头类型	选择探头类型
＜5＞	探头频率	检查时的探头频率。可以通过"Freq"键改变频率
＜6＞	组织优化功能	有四种声速可以选择：常规、肌骨、脂肪、液性
＜7＞	冻结标志	当图像冻结时，该标志出现
＜8＞	时间	系统当前时间
＜9＞	日期	系统当前日期
＜10＞	帧率	当前扫描属性帧率 FR
＜11＞	图像处理参数组合	当前 BIP /MIP(B 图像/M 图像)处理参数组合,分为 8 挡
＜12＞	声功率	当前图像参数声功率 AP
＜13＞	增益	当前 M 图像参数增益 MG
＜14＞	增益	当前 B 图像参数增益 BG
＜15＞	姓名与 ID	患者姓名和 ID

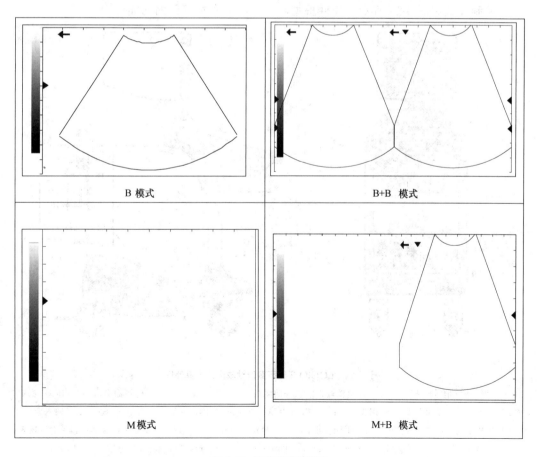

B 模式　　　　　　　　　　　B+B 模式

M模式　　　　　　　　　　　M+B 模式

图 8-10　图像模式示意图

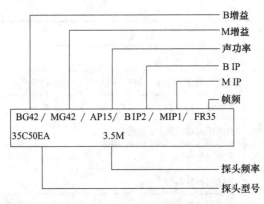

图 8-11　屏幕参数缩写说明

2. LOGIQ 3 超声多普勒成像仪

（1）结构

LOGIQ 3 是美国 GE 公司的彩色超声系统，其结构如下：

① 主机外形如图 8-12 所示。

② 控制面板如图 8-13 所示，控件根据功能差异分布在不同的功能区内。

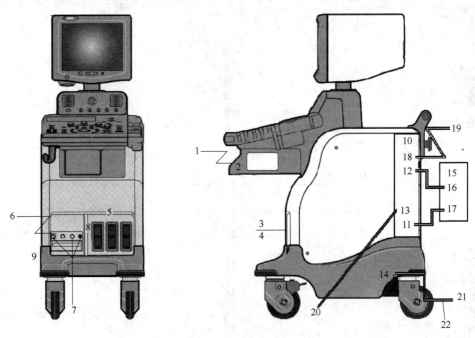

图 8-12　LOGIQ 3 超声多普勒成像仪主机外形

1—外围设备（信号输入/输出端口，电源输入）；2—前面板（信号输入/输出端口，电源输出）；3—非成像探头（如果适用）；4—成像探头；5—探头端口；6—ECG 电缆；7—PCG 传感器（如果适用）；8—理疗信号输入面板；9—CD-RW 驱动器；10—后面板；11—电源输出；12—信号输入/输出端口；13—脚踏开关连接器；14—电源输入；15—外围设备；16—信号输入/输出端口；17—电源输入；18—内置调制解调器（信号输入/输出端口）；19—电源线；20—脚踏开关；21—电源线（AC～）；22—带保护性接地线的电源电缆

图 8-13　LOGIQ 3 超声多普勒成像仪控制面板

1—音频开关和音量；2—TGC；3—翻转；4—附加功能键；5—键盘；6—模式/增益键；
7—成像/测量键；8—深度；9—成像功能键；10—冻结和打印键

③ 顶部/子菜单如图 8-14 所示，其包含一些专用于检查功能和模式/功能的控件。

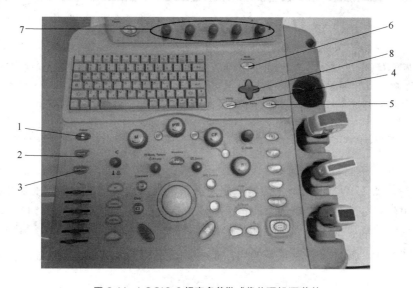

图 8-14　LOGIQ 3 超声多普勒成像仪顶部/子菜单

1—Patient（患者）：进入 Patient（患者）屏幕；2—Reports（报告）：激活报告选项的默认报告和
顶部/子菜单；3—End Exam（结束检查）：激活图像管理和具有结束检查选项的顶部/子菜单；
4—Utility（实用程序）：激活系统配置菜单；5—Applications（应用）：选择使用的应用和探头；
6—Mode Parameters（模式参数）：在不同模式的主菜单之间切换；7—顶部菜单控件：激活顶部
菜单中的功能变化，顶部菜单控件的状态显示在屏幕底部，如图 8-15 所示，屏幕底部显示
B 模式下顶部菜单内容；8—子菜单控件：激活模式子菜单，并切换/更改功能

④ 监视器屏幕如图 8-15 所示。

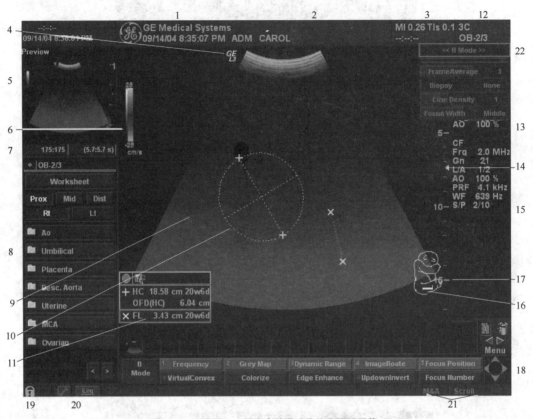

图 8-15　LOGIQ 3 超声多普勒成像仪监视器屏幕

1—机构/医院名称、日期、时间和操作员 ID；2—患者姓名和标识；3—电源输出读数；4—GE 徽标；
探头方位标记；5—图像预览；6—灰阶/色条；7—电影回放标尺；8—测量汇总窗口；9—图像；
10—测量卡尺；11—测量结果窗口；12—探头标识，检查预设；13—成像参数（因模式而异）；
14—焦点区域指示器；15—TGC；16—人体图案；17—深度刻度；18—顶部菜单；19—Caps Lock：
启用时亮起；20—服务界面图标（扳手）、iLinq 图标和系统信息显示（图像上未显示）；21—轨迹
球功能状态：滚动、M&A（测量和分析）、位置、尺寸、扫描区域宽度和倾斜；22—子菜单

（2）脉冲多普勒（PW）

在脉冲多普勒（PW）模式下，能量从超声探头发射到患者体内（与 B 模式相同）。但是接收到的回声经过处理抽取发射和接收信号频率之间的差别。差别是由超声信号经过路径中的移动物体所引起的，如血细胞的运动。信号结果通过系统扬声器由声音呈现，并在监视器中以图形方式显示。脉冲多普勒典型的应用是显示选定解剖区域中血流的速度、方向和频谱内容。

脉冲多普勒可以和 B 模式组合来快速选择脉冲多普勒检查的解剖结构区域。脉冲多普勒数据的起源点以图形方式显示在 B 模式图像中（取样容积门）。取样容积门可以在 B 模式图像中随意移动。

脉冲多普勒 PW 模式显示见图 8-16，图中：

① X 轴代表时间。

② Y 轴代表频率的变化。因其与血流流速成正比，可直接标示流速。Y 轴也可以在校

准后代表前进方向或反方向的速度。

③ 横轴线代表零频移线，即基线。在基线的上方频移为正，血流朝向探头；在基线下方频移为负，血流离开探头。

④ 频带宽度表示频移在垂直方向上的宽度，即某一瞬间采样血流中红细胞速度分布范围的大小。速度分布范围大，频带则宽；速度分布范围小，频带则窄。人体正常血流是层流，速度梯度小，频谱窄；如发生病变，血流为湍流，速度梯度大，频谱宽。

⑤ 频谱灰度表示频移信号幅度。幅度高，显示亮；反之，显示暗。

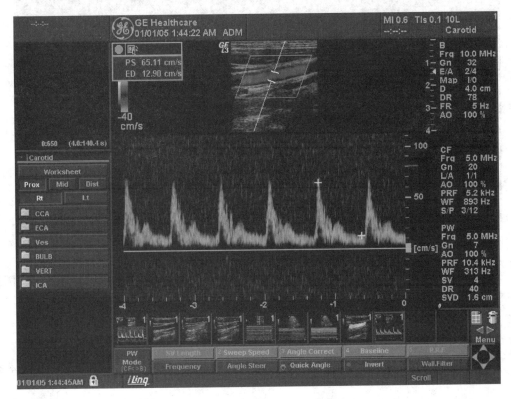

图 8-16　脉冲多普勒 PW 模式显示

（3）连续多普勒波（CWD）

连续多普勒波允许检查始终与多普勒模式指针在一起的血流数据，而不是任一指定深度的血流数据。收集与整个多普勒波束在一起的取样，以便快速扫描心脏。需要单个 CWD 探头和探头适配器。连续多普勒波 CWD 模式显示见图 8-17。

3. B 超仪检定超声体模

仿组织超声体模是指模仿软组织超声传播特性，由超声仿组织材料（Ultrasonically Tissue-mimicking Material，简称 TM 材料）和嵌埋于其中的多种测试靶标以及声窗、外壳、指示性装饰面板等构成的无源式测试装置。仿组织超声体模作为 B 型超声诊断仪图像性能测试的重要装置，在 B 超设备研制、生产、销售、使用、维修和法制管理（质量监督检验、计量检定、进出口商检）各环节上对 B 超设备性能质量作出了客观和定量的评价。

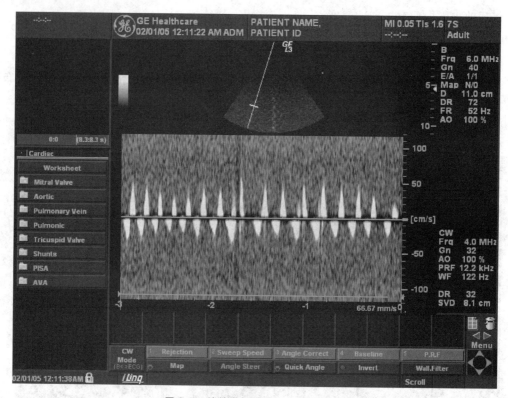

图 8-17   连续多普勒波 CWD 模式显示

实验采用中国科学院研制生产的仿组织超声体模，满足中国国家质量技术监督局鉴定、国家药品监督管理局准产的 B 超性能检测标准装置，与中国现行国家标准 GB 10152—2009、YY 0767—2009 和计量检定规程 JJG 639—2005 以及 JJF 1438—2013 的要求相对应。

（1）KS107BD/KS107BG 型超声体模

KS107BD 和 KS107BG 型超声体模适合超声诊断仪器基本图像参数检测，其技术指标为：

① TM 材料声速：（1540±10）m/s ［（23±3)℃］。

② TM 材料声衰减系数斜率：（0.70±0.05）dB/(cm・MHz) ［（23±3)℃］。

③ 尼龙靶线直径：（0.3±0.05）mm。

④ 尼龙靶线位置公差：±0.1mm。

KS107BD 型超声体模适应于工作频率小于等于 4MHz 的 B 超仪器，KS107BG 型超声体模适应于工作频率在 5～10MHz 的 B 超仪器。它们可检测 B 超仪器的盲区、探测深度、10～170mm 深处的轴向与侧向分辨力、纵向与横向几何位置精度，并可考察其对肿瘤、囊肿、结石等典型病灶的成像质量。

KS107BD 型超声体模外形如图 8-18 所示，其体模特性为：

① 轴侧向分辨力靶群：其横向分支分别距声窗 30mm、50mm、70mm、120mm 和 160mm。

② 盲区靶群：相邻靶线中心横向间距均为 10mm，至声窗距离分别为 10mm、9mm、8mm、7mm、6mm、5mm、4mm、3mm。

③ 纵向靶群：共含靶线 19 条，相邻两线中心距离均为 10mm。

④ 横向靶群：共含靶线 7 条，相邻两线中心距离均为 20mm。

模拟病灶：

① 仿肿瘤，位于深度 70～80mm 之间，呈圆柱形，直径 10mm，柱轴与靶线平行。

② 仿囊与结石。仿囊呈圆柱形，直径 10mm，位于深度 70～80mm 之间，轴向与靶线平行。仿结石为不规则形，位于囊之中腰，最大尺寸为 4～6mm。

③ 仿囊结构，呈圆柱形，直径 6mm，柱轴与靶线平行，位于深度 47～53mm 之间。

KS107BG 型超声体模外形如图 8-19 所示，其体模特性为：

① 轴向分辨力靶群：各群中最上面一条靶线分别位于深度 10mm、30mm、50mm、70mm 处，每群中靶线中心垂直距离由上而下依次为 3mm、2mm、1mm、0.5mm，水平距离均为 1mm。

② 侧向分辨力靶群：分别位于深度 10mm、30mm、50mm、70mm 处，每群中靶线中心水平距离依次为 4mm、3mm、2mm、1mm。

③ 盲区靶群：相邻靶线中心横向间距均为 10mm，至声窗距离分别为 8mm、7mm、6mm、5mm、4mm、3mm、2mm。

④ 纵向靶群：共含靶线 12 条，相邻两线中心距离均为 10mm。

⑤ 横向靶群：位于深度 40mm 处，相邻两线中心距离均为 10mm。

模拟病灶：TM 材料内嵌埋有囊性模拟病灶 3 个，均为圆柱形，直径分别为 2mm、4mm、6mm，柱轴均与靶线平行，轴心分别位于深度 15mm、30mm、45mm 处。

图 8-18　KS107BD 型超声体模外形

图 8-19　KS107BG 型超声体模外形

（2）KS107BQ 型超声体模（线面双靶切片厚度体模）

KS107BQ 型超声体模外形如图 8-20（a）所示，用于检测一维阵列探头声束的切片厚度和电子聚焦的声束形状。对应国家标准 GB 10152—2009《B 型超声诊断设备》，KS107BQ 型超声体模设置了线靶群和散射靶片层，如图 8-20（b）所示。线靶群的作用包括：

① 用作确定阈值增益状态的参照物，使切片厚度与轴向、侧向分辨力的测量条件相同，构成成套数据组；

② 提供俯仰方向声束断面的全貌；

③ 核对由面靶读取的切片厚度数值。

具体技术指标为：

① 超声仿组织（TM）材料声速：（1540±10）m/s ［（23±3）℃］。

② 超声仿组织（TM）材料声衰减系数斜率：（0.7±0.05）dB/(cm·MHz) ［（23±3）℃］。

③ 仿组织材料总深度：200mm。

④ 散射靶片层厚度：＜0.4mm。

⑤ 散射靶片层与声窗间夹角：70°。

⑥ 靶线数：19。

⑦ 相邻靶线间距：10mm。

⑧ 靶线直径：（0.3±0.05）mm。

⑨ 线声窗表面红色标记线与超声体模外壳的前后壁夹角：70°。

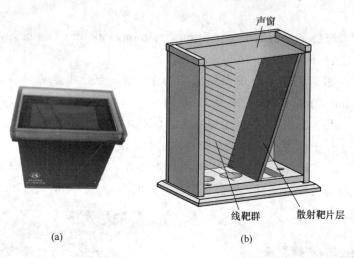

(a)　　　　　　　　(b)

图 8-20　KS107BQ 型超声体模

（3）KSJX-15 型概念超声体模

KSJX-15 型概念超声体模如图 8-21 所示，系依据国家标准 GB 10152—2009、国家医药行业标准 YY/T 0937—2014，为 B 型超声成像技术教学培训演示专用装置。

该概念超声体模背景材料的超声特性为：

① 声速：（1540±10）m/s ［（23±3）℃］。

② 声衰减系数斜率：（0.70±0.05）dB/(cm·MHz) ［（23±3）℃］。

该概念超声体模靶标特性是：具有 A、B、C、D、E、F、G 共七个靶标，其中 A、B、C、D、E 五个靶标的形状均为 ϕ20mm 圆柱体，F 为仿骨靶标，G 为真实的 T 形节育器靶标。下面分别为 A、B、C、D、E、F、G 共七个靶标的超声特性和影像特征：

图 8-21　KSJX-15 型概念超声体模

　　① A—仿血管瘤　超声特性：具有强回声结构特性，其内部背向散射回声显著高于背景材料。其他特性同背景材料。前界面反射回声：无；后方伪像：无；本身影像形状变化：无。

　　靶标 A 影像如图 8-22 所示，主要用于观察临床上类似肿瘤等病灶的超声影像特征。与背景 TM 材料相比，它具有高回声，同时后方无特殊伪像等图像特征。采用与背景材料相比而言的高散射结构，在影像上呈现高回声图像特征。

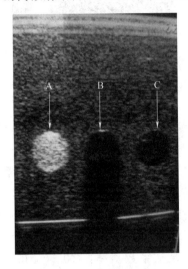 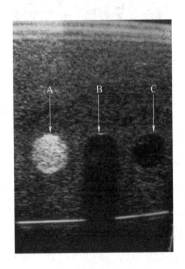

图 8-22　靶标 A 影像　　　　　　　　　　　图 8-23　靶标 B 影像

　　② B—强吸声结构的靶标　超声特性：

　　a. 声速：1515m/s［(23±3)℃］，比背景声速略小；

　　b. 声衰减系数斜率：大于 10dB/(cm·MHz)［(23±3)℃］。

　　和背景相比具有很大的声衰减系数，其他特性同背景材料。

　　靶标 B 影像如图 8-23 所示，主要用于观察高吸声衰减病灶的超声影像特征。采用与背景材料相比而言的高衰减吸声结构，在影像上呈现无回声图像特征。后方伪像有声影；本身影像形状变化为不见后界面。

　　③ C—弱回声结构　超声特性：内部背向散射回声显著低于背景材料；其他特性同背景材料，前界面反射无回声；后方无伪像；本身影像形状无变化。

　　靶标 C 影像如图 8-24 所示，主要用于观察等衰减低回声病灶的超声影像特征。与背景 TM 材料相比，它具有弱回声，同时后方无伪像等图像特征。采用与背景材料相比而言的低散射结构，在影像上呈现弱回声图像特征。

　　④ D—仿囊肿和囊中结石　囊中材料超声特性：内置不规则仿结石。

　　仿囊肿声速同背景材料，囊中材料声衰减系数斜率约为 0.10dB/(cm·MHz)［(23±3)℃］。和背景相比，它具有很小的声衰减系数，囊后方伪像为增强的背向散射回声。其他特性同背景材料，囊中背向散射回声无；囊前界面反射回声无；囊本身影像形状无变化。

　　囊中结石超声特性：仿结石声阻抗约为囊材料的 4 倍；仿结石前界面反射为强回声；仿结石后方伪像有声影。

　　靶标 D 影像如图 8-25 所示，主要用于观察低衰减无回声病灶的超声影像特征。与背景

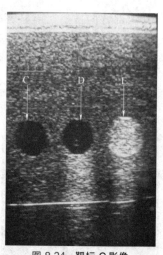

图 8-24 靶标 C 影像

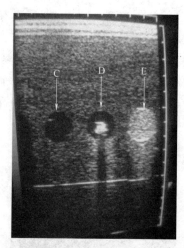

图 8-25 靶标 D 影像

TM 材料相比，它具有无回声，同时后方呈明显后方增强伪像等图像特征。采用与背景材料相比而言的低衰减无散射结构，靶标后沿相比同深度仿组织材料超声影像明显增强，此位置超声波强度较背景相对增强。靶标 D 中有一不规则仿结石，呈高阻抗高散射影像，严重阻断声波传播，后方呈明显声影。

⑤ E—仿脂肪　声速：1450m/s［(23±3)℃］。声衰减系数斜率：(0.50±0.05) dB/(cm·MHz)［(23±3)℃］。声阻抗低于背景材料。内部背向散射回声强于背景材料。前界面反射回声：较弱回声。后方伪像：增强的背向散射回声，两层背景材料之间的界面后移，镜面反射。本身影像形状变化：纵向（深度方向）拉长。

靶标 E 影像如图 8-26 所示，主要用于观察低声速病灶的超声影像特征，类似仿脂肪。与背景 TM 材料相比，它具有低声速，其低衰减特性具有与靶标 D 一样的物理规格。在超声影像上呈现一头小尾大、纵向尺寸变长的反射目标，在 10cm 处的反射界面相对后移，呈明显的声速伪像。因其衰减较背景小，也有后方增强伪像等图像特征。如果采用高声速 TM 材料，标准圆形反射目标会呈现纵向变短的椭圆超声影像。

⑥ F—仿骨　形状和结构：由内外两层组成的 φ20mm 圆柱体。外层声速：约 2600m/s［(23±3)℃］。外层声衰减系数斜率：约 3dB/(cm·MHz)［(23±3)℃］。外层声阻抗：约为背景材料的 2 倍。内层声速：约为 1500m/s［(23±3)℃］。内层声衰减系数斜率大于 10dB/(cm·MHz)［(23±3)℃］。内层声阻抗：同背景材料。前界面反射回声：较强。后方伪像：声影。本身影像形状变化：不见后界面。

靶标 F 影像如图 8-27 所示，主要用于观察高阻抗高声速病灶的超声影像特征，如某些骨骼结构的超声影像。靶标上界面呈强反射特征，由于声阻抗严重失配，两边有明显的旁瓣效应引起的"胡子"伪像，同时后方有声影，并伴有多次反射伪像等图像特征。

⑦ G—T 形节育器　靶标为 T 形节育环，其材质为聚四氟乙烯塑料，形状如大写英文字母"T"，横长 38mm，竖长 31mm；直径 1.5mm；横条靠近两端处各有铜箍 1 个；竖条上有铜箍 4 个。

影像表现为铜箍前界面呈较强反射回声，后方呈声影。靶标 G 影像如图 8-28 所示，T 形节育环横向扫描及纵向扫描图，可见清晰铜管箍超声影像。

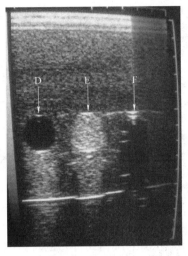

图 8-26　靶标 E 影像

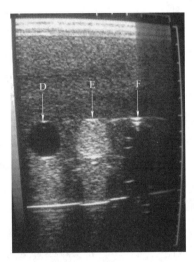

图 8-27　靶标 F 影像

图 8-28　靶标 G 影像

4. KS205D-1 型多普勒体模与仿血流控制系统

（1）KS205D-1 型多普勒体模与仿血流控制系统的结构

KS205D-1 型多普勒体模和仿血流控制系统适用于彩超和各种血流仪，如图 8-29 所示。在材质的声学特性上模仿人体软组织和血液，在与恒流泵和流量计配套后，超声仿血液能在按已知角度埋置于仿组织材料内的管道中周期性流动，其流速可以控制并用非声学方法标定。它能测量包括方向识别能力、血流探测深度、取样游标的准确度、血流速度读数准确度等多普勒仪器最基本的性能参数。

（2）KS205D-1 型多普勒体模和仿血流控制系统的模块功能

该系统由多普勒体模、仿血液储罐、恒流泵、缓冲器和流量计五大部分组成，其组合关系如图 8-30 所示。

① 多普勒体模　多普勒体模是该测量系统的核心部分，其主要技术指标均依据 GB

10152—2009、YY 0767—2009、计量检定规程 JJG 639—2005 及 JJF 1438—2013 的有关规定。外壳的四壁和底板均由有机玻璃制成；顶面封有 70μm 厚的涤纶薄膜作为声窗；内充凝胶型超声仿组织（TM）材料；硅橡胶制仿血管嵌埋于仿组织材料中，作为超声仿血液的流经通道。

图 8-29　KS205D-1 型多普勒体模和仿血流控制系统

② 恒流泵　恒流泵是本系统的动力源。专用软管居中装配在泵头压块与主动轮之间，并将泵头上压杆向下适当压紧，但不能压死，以防软管通路堵塞。软管一端与储液罐连通，罐内部分的末端浸没于仿血液液面之下，另一端与缓冲器的进口相接。工作时，电机带动泵头主动轮，其滚轮周而复始地碾压软管，从而驱动仿血液在由管道连接的回路内周流，且运动部件不与被输运的液体直接接触。恒流泵转速为 0.2 ～ 300r/min；流量范围 0.014～1140mL/min，液体流量由主动轮转速和软管内径决定。按照相关 IEC 标准，考虑到与真实人体的对比，专用控制器系统控制产生脉动血流。

③ 流量计　血液的流速或流量是超声多普勒仪器在临床应用中所能提供的最重要的有效性参数。在本测量系统中，对流量的标定是借助于经过校准的流量计进行的；为计算流速，对仿血管内径也进行了严格测量。

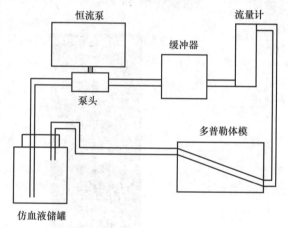

图 8-30　KS205D-1 型多普勒体模
和仿血流控制系统组成

本系统配用的转子流量计有 6～60L/h 和 1～10L/h 两种规格，二者串联使用。

（3）KS205D-1 型多普勒体模与仿血流控制系统的理论基础

① 血流探测深度计算公式：

$$L = h + \dfrac{w\dfrac{\alpha_V}{\alpha_T} + \dfrac{d}{2}}{\sin\theta} \qquad (8-2)$$

式中　L——血流探测深度，mm；

h——自二维灰阶图像上沿至仿血管上表面的距离，mm；

d——仿血管的内径，mm；

w——仿血管的壁厚（仿血管壁厚与内径有关，见表 8-4），mm；

θ——多普勒角；

α_V——仿血管材料在测量所用频率时的声衰减系数（表 8-5），dB/cm；

α_T——TM 材料的声衰减系数（声衰减系数斜率与频率的乘积），dB/cm。

表 8-4　仿血管内径与壁厚的对应关系

内径/mm	4	8
壁厚/mm	0.8	1.6

表 8-5　仿血管材料声衰减系数-频率关系表

f/MHz	2.0	3.5	4.0	5.0	7.5	8.0
α/(dB/cm)	4.7	12	15	22	43	48

② 流速（流量）准确度检测：

$$(V_d)_{max} = \frac{f_d c}{2 f_0 \cos\theta} \tag{8-3}$$

式中　f_d——多普勒频移幅值；

　　　f_0——被检设备发射的超声波频率；

　　　c——仿血液中声速，默认为 1570m/s；

　　　θ——超声波束轴向与仿血管夹角，探头置顶面声窗时为 60°。

③ 仿血管中平均流速：

$$V = \frac{4Q \times 0.870}{\pi D^2} \tag{8-4}$$

式中　D——仿血管内径；

　　　Q——流量计的读数值；

0.870——针对仿血液的流量修正系数。

本系统中粗管内径为 0.793cm，细管内径为 0.383cm。实际上当仿血管横断面上的流速分布呈抛物线形状时，沿其轴线的峰值流速为：

$$V_{max} = 2V \tag{8-5}$$

则流速百分误差为：

$$\left| \frac{(V_d)_{max} - V_{max}}{V_{max}} \right| \times 100\% \tag{8-6}$$

5. BCZ100-1 型毫瓦级超声功率计

BCZ100-1 型毫瓦级超声功率计如图 8-31 所示，是检定 A 型、B 型、M 型及各类医用超

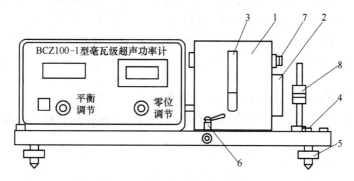

图 8-31　BCZ100-1 型毫瓦级超声功率计

1—消声水槽；2—声窗；3—水位刻度线；4—水平器；5—调整脚；6—排水阀门；7—锁紧器；8—探头夹持器

声诊断仪超声源的主要标准仪器,是计量部门、生产厂和医疗部门用于测量、校验超声诊断设备或其他超声源输出的平均超声功率的主要计量仪器。

三、实验内容与步骤

1. DP-6600 超声诊断仪的操作方法

(1)探头参数设置和调节

① 连接/拆卸探头　连接探头应将探头连接器锁死开关打开,电缆线朝上,将探头连接器插入连接器插座;将探头连接器与金属弹片均匀接触,然后压紧;将探头连接器锁死开关沿顺时针方向拧 90°;检查探头插座是否锁紧。拆卸探头时应将探头连接器锁死开关沿逆时针方向拧 90°,垂直拔出探头连接器插头。

② 探头选择和频率　实验中采用电子凸阵 35C50EA 和电子线阵 75L38EA,其应用及参数如表 8-6 所示。按"Probe"键,用于切换探头。按"Freq"键,用于切换探头发射频率。

表 8-6　可选探头应用及参数

探头型号	预期用途	适用部位	显示深度	中心频率/MHz	显示频率/MHz
35C50EA	妇产科、腹部与儿科检查	体表	5.17～24.6cm,15 级	3.5	2.5 3.5 5.0
75L38EA	小器官、新生儿头部、外周血管、浅表以及常规肌肉骨骼	体表	2.59～11.6cm,8 级	7.5	5.0 7.5 10

③ 声功率　声功率是指探头发射超声波的功率。临床中必须根据实际情况和"声功率原则"选择适当的声功率。

调节 ⭕ACOUSTIC POWER 旋钮来调节声功率。调节的同时,屏幕顶部的参数区内会显示声功率的当前值。逆时针转动旋钮会减小声功率,反之则增大声功率。声功率的设置范围是 0～15,0 表示最小声功率,15 表示最大声功率。在图像冻结状态下,不能调节声功率。

④ 调节焦点个数及焦点位置　B 图像可以有 1～4 发射焦点。但焦点个数还受到扫描深度限制。M 图像只有一个焦点,所以 M 图像焦点个数不能改变。按下参数调节旋钮,待"F. number"灯亮。旋动旋钮可以改变焦点个数。图像冻结时,焦点个数不能改变。

按下参数调节旋钮,待"F. position"灯亮。旋动调节旋钮 ⭕ ○ IP ○ F.position ○ F.number 改变焦点位置。当调节焦点位置时,一个或多个焦点同时在当前图像的显示范围内移动。图像冻结时,焦点位置不能调节。

(2)回波处理参数设置和调节

① B/M 增益　就是调节整个接收系统的增益和 B/M 图像的信号灵敏度。其调节范围是 0～98dB。B 模式和 M 模式增益显示于屏幕上方的参数区域。旋动控制面板上的"Gain"

旋钮可以同时调节 B 图像和 M 图像的增益。M 图像的增益也可以在 M 图像菜单中通过 "M 增益" 来单独调节。当图像冻结时，不能调节增益。

② 时间增益控制 TGC　TGC 是指深度分段增益补偿曲线。移动控制面板上相应的 TGC 滑标调节相应扫描深度的 TGC。调节 TGC 时，TGC 曲线自动显示于屏幕的左侧，并随滑标的移动而改变。调节停止 1.5s 后，TGC 曲线自动消失。图像冻结时，TGC 的调节暂时无效，图像解冻后调节将变为有效。

③ 动态范围　动态范围可以调节 B 图像或 M 图像的对比分辨率，压缩或扩展灰阶显示范围。其调节范围在 30～90dB 之间，调节步长为 4dB。通过 B/M 图像菜单的 "动态范围" 菜单项可分别调节 B/M 图像的动态范围，当前 B/M 动态范围的参数值也显示在该菜单项上。图像冻结时，动态范围不能调节。

（3）图像显示、处理参数设置和调节

① 图像处理参数组合（IP）　IP 是一组图像处理参数的组合。IP 可选范围为 1～8，分别表示 8 种图像处理效果。IP 值越小，图像对比度越大；IP 值越大，图像越柔和。B IP 值对 B 图像有效，M IP 值对 M 图像有效，冻结时 IP 值不能改变。IP 通过控制面板的参数调节旋钮来调节。待 "IP" 灯亮，旋转参数调节旋钮改变 IP 组合，IP 改变，其包括的相应参数值也随之改变（由预置决定）。B IP 包括动态范围、边缘增强、平滑、帧相关、线平均、B AGC、噪声抑制；M IP 包括动态范围、边缘增强、平滑、线相关。它表示一种图像处理效果。

② 图像深度、图像放大及方向旋转　图像深度（Depth）、图像放大（Zoom）和方向旋转（Rotation）是用多功能旋钮调节的， 对应位置的绿灯亮，表示当前调节的是该参数。

a. 图像深度：当 "Depth" 灯处于点亮状态时，旋动多功能旋钮改变图像深度。图像冻结时，不能调节图像深度。

b. 图像放大：图像放大功能是通过多功能旋钮实现的。图像边长放大倍数为 100％～200％，面积放大倍数为 100％～400％。待 "Zoom" 灯亮，图像窗口中央出现一个图像放大取景方框，移动轨迹球，用取景框选取放大图像的中心。旋转 "多功能旋钮" 改变图像放大倍数，取景框大小随之改变。顺时针方向旋转，取景框缩小，放大倍数增大；逆时针方向旋转，取景框增大，放大倍数减小。按 "Set" 键，取景框消失，屏幕显示放大后的图像。移动轨迹球，放大的图像在图像窗口内移动。调节多功能旋钮，可改变图像的放大倍数。再次按 "Set" 键，放大图像后的图像位置固定，光标出现。此时调节多功能旋钮，也可改变图像的放大倍数。再次按多功能旋钮，"Zoom" 灯熄灭，退出图像放大状态，恢复显示正常比例图像。实时图像、冻结图像和电影回放图像都可以放大，而且可在放大后的图像上测量、注释，或加入体位图。

c. 方向旋转：当 "Rotation" 灯处于点亮状态时，旋动多功能旋钮，可改变体位图上探头标识的方向或注释箭头的方向。

③ 边缘增强　边缘增强调节是为了突出图像轮廓，更清晰地分辨图像的组织结构边界。其调节范围在 0～3 之间。0 代表无边缘增强，而 3 代表最大程度的边缘增强。通过 B/M 图

像菜单的"边缘增强"菜单项可分别调节 B/M 边缘增强，当前 B/M 边缘增强值也显示在该菜单项上。图像冻结时，边缘增强不能调节。

④ 平滑　平滑调节可抑制图像噪声，对图像做纵向平滑处理，这样使组织看起来更光滑。其调节范围在 0～3 之间。0 代表最小平滑处理，3 代表最大平滑处理。通过 B/M 图像菜单的"平滑"菜单项可分别调节 B/M 平滑处理，当前 B/M 平滑处理的值也显示在该菜单项上。图像冻结时，平滑处理不能调节。

⑤ 帧相关　帧相关调节是将相邻帧的 B 图像进行叠加平均，去除图像噪声，使细节更清晰。其调节范围在 0～7 之间。0 代表未做帧相关处理，7 表示对相邻 8 帧图像的叠加平均值。帧相关只对 B 图像有效。可通过 B 图像菜单中的"帧相关"来调节。图像冻结时，帧相关不能调节。

（4）扫描速度参数设置和调节

① M 速度：M 速度用于调节 M 模式图像的刷新速度。其调节范围在 1～4 之间。1 代表最慢扫描速度，4 代表最快扫描速度。M 速度调节仅对 M 图像有效。可通过 M 图像菜单中的"M 速度"调节。M 速度的当前值也显示于菜单项中。图像冻结时，M 速度不能调节。

② 扫描线模式

a. 扫描角度：此功能用于改变 B 图像的扫描角度，仅对 B 图像有效。扫描角度与帧率相关，扫描角度越小，帧率越高。其范围在 0～3 之间。0 表示最小扫描角度，3 表示最大扫描角度。可以通过 B 图像菜单中"扫描线模式"子菜单的"扫描角度"调节。扫描角度当前值显示于菜单中。B/B 模式下，不能调节扫描角度。图像冻结时，不能调节扫描角度。

b. 扫描密度：扫描密度用于调节 B 图像扫描线的密度，只对 B 图像有效。可选扫描线密度有两种：高密度和高帧率。高密度模式下图像的质量更好，高帧率模式下可得到的图像帧较高。扫描密度在"扫描线模式"子菜单下调节，通过切换"高密度"或"高帧率"调节扫描线密度。B/B 模式下不能调节扫描密度。图像冻结时，不能调节扫描密度。

（5）测量步骤

① 距离。

功能：测量两点间的距离。

测量方法：

a. 按"Measure"键进入测量模式，移动光标到下拉菜单的"距离"项，按"Set"键。

b. 将光标移动到图像窗口内，光标显示为"＋"，用轨迹球移动光标到测量起点，按"Set"键，测量起点上显示固定标记"×"。按"Back"键可删除刚刚确定的起点。

c. 用轨迹球移动光标，光标"＋"与起点标记"×"间始终有虚线连接，结果窗口中实时显示测量值；此时可按"Change"键互换测量标尺的固定端和活动端，或按"Back"键删除刚刚确定的起点。

d. 用轨迹球移动光标"＋"到测量终点，按"Set"键，测量终点上显示固定标记"×"，测量结果最后确定，本次测量结束。

重复步骤 a～d，开始下一个距离测量。距离测量实例如图 8-32 所示。

② 周长/面积。

功能：用椭圆逼近法测量一个封闭区域的周长和面积。

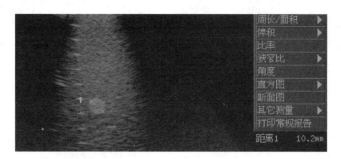

图 8-32　距离测量实例

测量方法：

a. 按"Measure"键，将光标移到"周长/面积"菜单项上，"周长/面积"子菜单自动弹出，再将光标移到子菜单的"椭圆法"菜单项上，按"Set"键，光标显示为"＋"。

b. 移动光标到椭圆测量区域的固定轴起点，按"Set"键，固定轴起点上显示标记"×"。

c. 将光标移到椭圆测量区域固定轴终点，此时可按"Change"键在固定轴的起点或终点之间"换脚"，或按"Back"键回退测量步骤。光标"＋"与起点标记"×"间始终有虚线连接，按"Set"键，固定轴终点上显示标记"×"，屏幕上显示一个椭圆。周长/面积测量实例如图 8-33 所示。

图 8-33　周长/面积测量实例

d. 移动轨迹球调节椭圆的可变轴长度使椭圆与被测量区域吻合，轨迹球向左移动，椭圆可变轴减小，向右移动可变轴增大。此时也可按"Back"键回退测量步骤。

e. 按"Set"键，确定椭圆测量区域，测量结果显示在结果窗口中，本次测量结束。

f. 按"Set"键，开始下一个椭圆法"周长/面积"测量。

2. LOGIQ 3 超声多普勒成像仪的操作方法

（1）激活探头

系统启动与初始化后，进行探头选择。根据尺寸和检查部位选择提供最佳焦点深度和穿透率的探头参数。实验中采用以下3 款探头：3.5C 凸阵、8L 线阵、3S 相控阵。

按下"Application"屏幕上出现探头

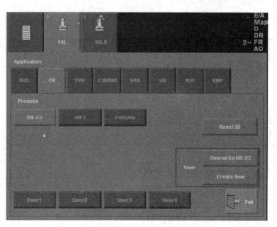

图 8-34　探头选择界面

选择界面，移动轨迹球选择适当探头，将箭头移动到"Exit"上按下"set"键，见图 8-34。
探头的标注信息位于探头的把手和连接器的外壳上，安装并选择探头后，这些信息会自动在
屏幕上显示，见图 8-35。探头方向：每一个探头都提供一个定位标记，见图 8-36，用来确
定探头末端对应于在监视器上具有定位标记的图像侧边。表 8-7 为探头使用指南，表 8-8 为
探头频率范围。

图 8-35 显示的探头信息

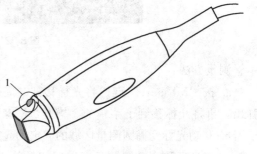

图 8-36 探头的定位标记

1—定位标记

表 8-7 探头使用指南

探头应用	3.5C	8L	3S
腹部	×	×	×
小器官	×	×	
外围血管	×	×	
产科	×	×	
妇科	×	×	
儿科		×	
新生儿		×	
泌尿	×		
心脏			×
活组织检查	×		×

注："×"表示适用。

表 8-8 探头频率范围

探头标注	中心图像频率/MHz	多普勒频率/MHz	
		正常	穿透率
3.5C	3.5	3.3	2.5
8L	6.4	6.6	5.0
3S	2.0	2.0	1.67

（2）创建患者信息

按下键盘上的"Patient"（患者）键，监视器上会显示患者屏幕，如图 8-37 所示。开始
检查每一位新患者之前，均应选择"New Patient"（新患者）键。每次检查之后应按下
"End Exam"（结束检查）键。

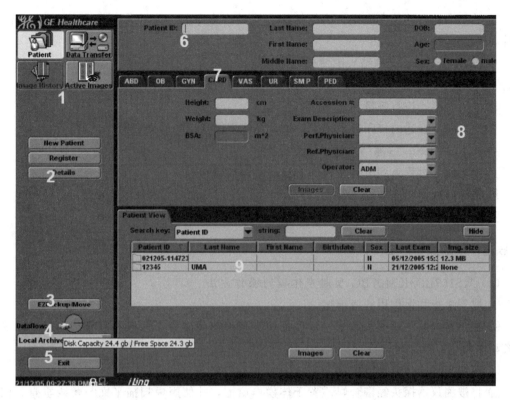

图 8-37　患者屏幕

1—图像管理；2—选择功能；3—轻松备份/移动；4—选择数据流；5—Exit
（退出）；6—患者信息；7—选择类别；8—检查信息；9—患者视图

（3）脉冲多普勒检测

脉冲多普勒可以和 B 模式组合来快速选择脉冲多普勒检查的解剖结构区域。脉冲多普勒数据的起源点以图形方式显示在 B 模式图像中取样容积门。取样容积门可以在 B 模式图像中随意移动。脉冲多普勒检查按以下步骤进行：

① 连接合适的探头，将探头放在相应的固定架中。

② 确定患者检查的位置。

③ 按下"Patient"（患者）键。在对应的检查类别中输入适当的患者数据。

④ 选择要用的预设、应用和探头。

⑤ 确定要检查的解剖结构的位置。得到一幅较高质量的 B 模式图像。按下"CF"键，帮助确定要检查的血管位置。

⑥ 按下"M/D Cursor"（M/D 指针）键以显示取样容积指针和门。或按下"PW"键，屏幕上会显示脉冲多普勒频谱，并且系统将在 B 和多普勒组合模式中进行操作。调节"Volume"（音量）以调节多普勒音频。通过扬声器可以听到多普勒信号。

⑦ 通过左右移动轨迹球定位取样容积指针。通过上下移动轨迹球定位取样容积门。通过"Scan Area"改变门的大小。

⑧ 如果必要，请优化脉冲多普勒频谱。

⑨ 按下"B Pause"（B 暂停）键切换带多普勒模式（带音频）的实时 B 模式。

⑩ 沿整个血管的长度取样。确保探头与流动方向平行。定位取样容积指针后，先听，然后观察。

⑪ 按下"Freeze"（冻结）键使描记信息驻留在内存并停止成像。如果必要，激活电影时间线。

⑫ 如果必要，执行测量和计算。

⑬ 通过按下合适的打印键来记录结果，具体视记录设备的设置而定。

⑭ 按下"Freeze"（冻结）键以恢复成像。

⑮ 重复以上过程直到所有相关的血流位置都被检查。

⑯ 将探头放回相应的固定架。

要退出脉冲多普勒模式，请按下"CF"键，然后按"PW"键。

3. B超体模的操作方法

（1）KS107BD/KS107BG 型超声体模的操作方法

① 取下盖板和保护用的海绵垫。

② 在水槽内倾注适量蒸馏水（以保证探头与声窗间耦合，一般不宜充满水槽）或水性凝胶型医用超声耦合剂。

③ 按规定程序开启被测仪器。

④ 将被测仪器探头经耦合媒质置于体模声窗上，并使声束扫描平面与靶线垂直。记录被检仪器的探头型号、扫描方式和工作频率。

检测时应尽量避免外界的振动、噪声、电磁场等物理干扰，光照适当，使之不影响各项实验工作的正常进行。各参数的检测方法如下：

① 探测深度：开启被测设备，将探头经耦合剂置于超声体模声窗表面上，对准其中的纵向靶群；调节被测设备的增益、TGC（或 STC、DGC，或近、远场增益）、动态范围（或对比度），亮度以无光晕、无散焦为限，聚焦（可调者）置远场或全程；在屏幕上显示最大深度范围的声像画面，读取纵向靶群，可见最大深度线靶的所在深度，即为探测深度。

② 侧向（横向）、轴向（纵向）分辨力：开启被测设备，将探头经耦合剂置于超声体模声窗表面上，根据被测设备类型，按要求对准体模中规定测试深度的侧向或轴向靶群；被测设备的调节要求同上所述；增益、聚焦（可调者）置于该靶群所在深度附近，隐没体模材料产生的背向散射光点，保持靶线图像清晰可见，微动探头，读出可分开显示为两个回波信号的两靶线之间的最小距离。

③ 几何位置精度：开启被测设备，将探头经耦合剂置于超声体模声窗表面上，对准其中的纵向或横向线形靶群；利用设备的测距功能或屏幕标尺，在全屏幕分别按纵向和横向每 20mm 测量一次距离，再按式（8-7）计算出每 20mm 的误差（%），取最大值作为纵向和横向几何位置精度。

$$几何位置精度(\%)=\left|\frac{测量值-实际距离}{实际距离}\right|\times100\% \tag{8-7}$$

④ 盲区检测：开启被测设备，将探头经耦合剂置于体模声窗表面上，对准其中的盲区靶群；观察距探头表面最近且其后图像都能被分辨的那根靶线，测试该靶线与探头表面的距

离，则盲区为小于该距离。实验时如果探头不能对靶群中所有靶同时成像，也可平移探头分段或逐一显示。

上述各参数的检测要求参照表 8-1。

（2）KS107BQ 型超声体模的操作方法

① 将被检设备开机、预热后，设置为二维灰阶成像模式，单幅 B 显示。

② 调节被检设备的有关键钮，包括采用较高的对比度、中等总增益、适当分布的 TGC（STC）和较高亮度。

③ 将探头辐射面耦合于声窗上的两条红线之间，长边（声束扫描方向）与红线平行，保持探头纵轴与声窗表面垂直，如图 8-38（a）所示，即可获得以 TM 材料背向散射为背景的一组靶线图像。其横向长短不等，有 1～2 条最短者，表示声透镜焦点在该深度附近。

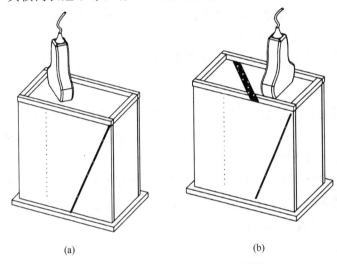

(a)   (b)

图 8-38　探头辐射面耦合于声窗上的位置

④ 将被检仪器调节至阈值增益状态，具体操作为：降低增益，调节 TGC（STC），适当降低亮度，隐没 TM 材料的背向散射光点，屏幕上只剩下清晰可见的靶线图像。

⑤ 将被检仪器设置切换为 B/B 双幅显示，将取好的整行靶线图像置于左幅中。

⑥ 将显示切换至右幅（左幅自然冻结），再次按下 B/B，将探头移至面靶深度最小的声窗表面处（水槽的另一端），探头长边（声束扫描方向）与水槽框短边平行，保持其纵轴与声窗表面垂直，如图 8-38（b）所示，即可在被检仪器屏幕上看到一条由散射光点构成的亮带，如图 8-39 所示。

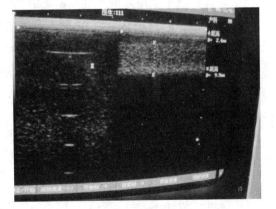

图 8-39　利用线面两种靶标
测量声束切片厚度的示意图

⑦ 平移探头，使亮带沿深度方向的中线与左幅图像中某一靶线的图像对平，将图像冻结，用电子游标测出亮带沿深度方向的尺寸 d。则切片厚度即为：

$$s = d/\tan70° = d/2.747 \tag{8-8}$$

沿声窗表面平移探头，显示并测量与左幅图像中所有可见靶线对应的亮带尺寸，如图 8-40 所示。也可按照 GB 10152—2009 中所述，仅显示和检测位于探测深度 1/3、1/2 和 2/3 处靶线对应的亮带尺寸，取特定深度处散射靶薄层切片厚度的值作为该处的切片厚度。

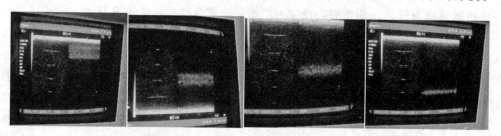

图 8-40 利用线面两种靶标显示并测量各可见靶线处的声束切片厚度

4. KS205D-1 型多普勒体模与仿血流控制系统的操作方法

（1）使用注意事项

① 系统中采用混合式步进电机驱动。驱动器前面板上设有主要操作控制开关、一圈电位器、三位绿色数码转速显示、三位旋转方向开关（左-停-右）和电源开关（ON/OFF）。

② 测量操作中勿用力按压探头。

③ 为了获取稳定的小流量，减少脉动，可适当松开蠕动泵压杆，提高转速。

④ 泵头系由聚砜塑料注射成形，勿使其接触有机溶剂。

⑤ 严禁将液体溅入驱动器内前面板，勿沾油污。

（2）灌充仿血液

① 将储罐顶部塑料螺钉盖拧开，用消毒过的塑料漏斗连接软管后插入储罐底端。

② 将仿血液平稳倒入漏斗直至储罐的 2/3 左右，注意不可溅洒，以防产生气泡。

③ 将驱动泵头专用软管居中安装后适当压紧，开启驱动泵电源，将其面板上的"内（手）控/外控"开关置于"手控"位置，方向控制开关置于"左"位置，使仿血液向缓冲器流动并充满其中；按下缓冲器上放气阀气门（位于缓冲器背部上端），使缓冲器释放其中空气；当缓冲器内仿血液液面上升至 1/3 左右时即可松开放气阀气门，关闭放气阀。注意，勿使仿血液液体没过放气阀。

④ 继续运转驱动泵直至仿血液在管道内保持良好周流，管内充满仿血液。

⑤ 灌装完毕后将储罐顶部固定的塑料螺钉盖拧紧。

注意：

① 流量计阀现处于全开状态，切勿关闭阀，以免造成血管崩漏；

② 驱动泵面板上的方向控制开关置于"左"，切勿置于"右"，以免仿血管崩漏。

（3）启动

① 开启驱动泵电源，将其面板上的"内（手）控/外控"开关置于"手控"位置，方向控制开关置于"左"，使仿血液向缓冲器流动。

② 旋动转速调节钮，将转速置中等转速（90～120r/min），观察流量计浮子应正常升

起，确认仿血液已正常周流，并稳定运行足够时间（3min），以确保仿血液中固液两相已均匀混合。

③ 按规定程序开启被检设备并预热。

④ 向体模水槽内倾入适量清水，其深度以将探头辐射面充分耦合为宜。

⑤ 依据测量项目，将相应探头垂直耦合于声窗上。

（4）方向识别能力检测

彩色血流模式是一种多普勒模式，它用来在 B 模式的图像中加入与流体运动的相对速度和方向有关的彩色编码定性信息。首先将探头耦合于仿血管斜置段上方，探头横向长轴与仿血管轴线处于同一平面内，将仿血管成像并将取样容积框置于其上，观察频谱图；然后将探头平移耦合于另一仿血管斜置段上方，频谱图应仅出现于基线另一侧。

按下 CF（彩色血流），CF 窗口会出现在 B 模式图像中。移动轨迹球来移动 CF 窗口。窗口内会显示红色和蓝色两种颜色的血流，表示不同流动方向，可通过轨迹球调整彩色血流显示区域的大小和位置。退出彩色血流，请选择 CF 模式或 B 模式。图 8-41 所示为彩超恒流多普勒反向频谱图，图 8-42 所示为彩超恒流多普勒正向频谱图。

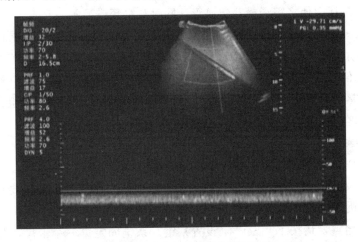

图 8-41　彩超恒流多普勒反向频谱图

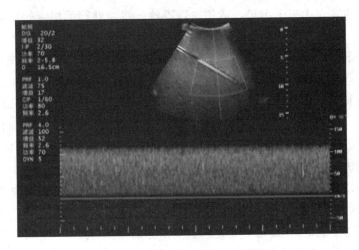

图 8-42　彩超恒流多普勒正向频谱图

（5）血流探测深度检测

① 调节泵的转速旋钮，使流量计显示较高流量，用 3.5C 凸阵探头耦合于仿血管斜置段上方，且与仿血管距离较小的一侧，小范围平移，直至观察到频谱图显示。

② 将多普勒输出功率调至最大，同时提高接收增益，并保持所显示的频谱无过度电子噪声。

③ 依据体模面膜提示，在仿血管斜置段所在纵向平面内平移探头，使其与仿血管的距离由小变大，注视屏幕，可见频谱图形不断减弱（表现为颜色变淡，线条变虚）直至消失（只剩噪声）。与此相应，扬声器的音频输出也应是逐步减弱，直至与噪声无法分辨。

④ 沿垂直取样线，借助电子游标读取二维灰阶图像上至仿血管上表面的距离 h，通过式（8-2）算出血流探测深度。

（6）取样游标的准确度检测

取样游标的准确度是检测图形上血管中填充的溢出度，或者是彩色血流信号的溢出程度的判定。正常情况下血流信号应该填充在仿血管里。

① 将探头耦合于仿血管斜置段上方，使仿血管及相邻组织成像。

② 操作取样游标，使之缓慢横穿仿血管，同时观察频谱显示。

③ 将彩超关掉，转换成黑白图像。在黑白图像中可以很清楚地看到黑色的血管。因为该黑色血管中是仿血液，反射很弱，所以在 B 型超声影像上呈现出一个黑色的管状物。

④ 加入彩色信号后，会有一个血液仿血流的信号。将其采集到合适位置后冻结，用游标测量彩色血液是否在血管中。正常情况下，会叠加在血管中，但有时候会溢出。那么此时就要查看溢出程度与血管的宽度大小（溢出百分数）。

⑤ 血管直径测量

a. 按下"B Pause"键或"Freeze"键冻结屏幕图像。

b. 请按下"Measure"（测量）键一次；屏幕上显示一个活动卡尺。要在起始点定位活动卡尺，请移动轨迹球。

c. 要固定起始点，请按下"Set"（设置）键。系统固定第一个卡尺，并显示第二个活动卡尺。

d. 要在结束点定位第二个卡尺，请移动轨迹球。如果进行了相应的预设，一条点画线将连接测量点。

e. 要完成测量，请按下"Set"（设置）键。系统在结果窗口中显示距离值。

（7）流速准确度检测

① 显示仿血管纵断面及其周围 TM 材料的 B 超图像，然后将被检设备设置在 PW 模式。

② 选用 3.5C 凸阵探头，垂直对准血管，在影像上看到有一个多普勒频谱，多普勒血流成像成红色的血流成像。此时用取样游标垂直对准它，平行于这条血管取样容积门，取样容积门置于血管的中央。

③ 将频谱调出来，然后将图像冻结，并将数字参数调出来，从影像中可以看到，大约是在 100cm/s，这是系统提供的。此时流量计的位置，浮子上沿在 25L/h。这个流量计代表着 Q 就是流量，这个流量是升/时，要把它换算成毫升/秒，$Q/\pi r^2$ 变成平均流速，再乘以一个修正系数。得到这个系统提供的管中的平均流速，用平均流速乘以 2 就是管轴中心的峰

值流速。这个峰值流速计算得到的值也在 100cm/s 左右用，这个是系统提供的。

④ 峰值流速与被测仪器显示的峰值流速相比，求其相对偏差。一般认为，在 20％ 以内的误差都是可以接受的。

使泵取不同转速，操纵取样容积游标，显示相应多普勒频谱图，读取多普勒频移幅值 f_d 和对应的流量计读数 Q，采用多普勒峰值流速计算公式（8-3）、仿血管中平均流速计算公式（8-4）、轴线的峰值流速计算公式（8-5）及流速百分误差计算公式（8-6）计算出结果。

5. 超声功率检测仪器的操作方法

① 将超声功率计置于稳固的工作台上，利用水平调整脚将其调至水平，然后用漏斗从消声水槽上盖孔缓慢注入除气蒸馏水至水位线刻度处（如超量须从排水阀放出），驱除靶面及声窗内面气泡。

② 旋下声窗保护盖，对透声薄膜和超声探头进行清洁处理后涂敷耦合剂，使两者紧密结合后，用夹持器将探头贴敷在透声薄膜中央，并在声窗中央位置。使超声束轴线垂直于声窗，并注意驱除表面的气泡（此时超声诊断仪探头不应有超声输出）。

③ 打开电源，松开靶锁紧器，稳定 5min，调节"平衡调节"旋钮，使"平衡指示"仪表指零后，调节"零位调节"旋钮，使数字表示值为零。

④ 使被检仪器置于最大声功率输出状态，调节"平衡调节"旋钮，使"平衡指示"仪表指针返回零位；此时数字表示值即为被检仪器输出声功率。

⑤ 测试完毕首先锁紧"靶锁紧器"，然后从排水阀放净消声水槽中的水，关掉电源，清洗透声薄膜耦合剂，旋上声窗保护盖。

四、实验报告

1. DP-6600 超声诊断设备的性能检测。

序号	测试项目	测试指标	测试数据	测试结论
1	探测深度			
2	侧（横）向分辨率			
3	轴（纵）向分辨率			
4	盲区			
5	横向几何位置精度			
	纵向几何位置精度			

2. 模拟病灶尺寸检测。

序号	测 量 项 目	直径	周长	面积
1	仿囊			
2	仿肿瘤			
3	仿囊和结石			

3. 切片厚度检测。

探测深度	靶线对应的亮带尺寸/mm	切片厚度/mm
探测深度 1/3		
探测深度 1/2		
探测深度 2/3		

4. 靶标声学特性和影像特征。

声学特性和影像特征	靶标类别及特性、特征表现							
	A—强回声靶标（仿血管瘤）	B—强吸声靶标	C—弱回声靶标	D		E—仿脂肪靶标	F—仿骨靶标	G—T 形节育器
				仿囊肿	仿结石			
声速								—
衰减								—
声阻抗								—
内部散射回声								—
前界面反射回声								
后方伪像								
靶标本身影像形态								—

5. 彩超的性能检测。

使用 KS205D-1 型多普勒体模与仿血流控制系统

方向识别能力检测	血流探测深度检测	取样游标的准确度检测	血流速度读数准确度检测

6. 超声功率测试。

使用 BCG100-1 型毫瓦级超声功率计

序号	测试项目	测试指标	测试数据	测试结论
1	超声功率			

7. DP-6600 超声诊断仪操作。

探头参数设置和调节	回波处理参数设置和调节	图像显示、处理参数设置与调节	扫描速度参数设置与调节

8. LOGIQ 3 超声多普勒成像仪操作。

探头参数设置和调节	创建患者信息	脉冲多普勒检测	优化频谱多普勒

参考文献

[1] 王成. 医学仪器原理 [M]. 上海：上海交通大学出版社，2008.

[2] 王锐，程海凭. 医用超声诊断仪器 [M]. 北京：人民卫生出版社，2011.

[3] 严红剑. 有源医疗器械检测技术 [M]. 北京：科学出版社，2007.

[4] 葛斌. 人体机能替代装置 [M]. 北京：科学出版社，2007.

[5] 朱大年. 生理学 [M]. 北京：人民卫生出版社，2007.

[6] 刘杨，张东衡，陈正龙. 生物医学检测技术 [M]. 上海：同济大学出版社，2014.

[7] 邹任玲，胡秀枋. 医用电气安全工程 [M]. 南京：东南大学出版社，2008.

[8] 赵嘉训. 麻醉设备学 [M]. 北京：人民卫生出版社，2011.

[9] 段乔峰，等. 关于高频手术设备的高频漏电流的探讨 [J]. 中国医疗器械信息，2006，12（08）：47-52.

[10] GB 9706.1—2020. 医用电气设备 第 1 部分：基本安全和基本性能的通用要求.

[11] GB 9706.4—2009. 医用电气设备 第 2-2 部分：高频手术设备安全专用要求.

[12] YY 0054—2010. 血液透析设备.

[13] GB 9706.2—2003. 血液透析、血液透析滤过和血液滤过设备的安全专用要求.

[14] JJF 1353—2012. 血液透析装置校准规范.

[15] JJF 1234—2018. 呼吸机校准规范.

[16] GB 9706.28—2006. 医用电气设备 第 2 部分：呼吸机安全专用要求治疗呼吸机.

[17] GB 10152—2009. B 型超声诊断设备.

[18] YY/T 0162.1—2009. 医用超声设备档次系列 第 1 部分：B 型超声诊断设备.

[19] GB 9706.9—2008. 医用电气设备 第 2-37 部分：超声诊断和监护设备安全专用要求.

[20] GB/T 16846—2008. 医用超声诊断设备声输出公布要求.

[21] GB 4943.1—2011. 信息技术设备 安全 第 1 部分：通用要求（GB 4943.1—2011，IEC 60950-1：2005，MOD）.

[22] IEC 60384-14：2005. 电子设备用固定电容器第 14 部分：分规范 抑制电源电磁干扰用固定电容器（GB/T 14472—1998，IEC 60384-14：1993，IDT）.